ENCYCLOPÉDIE-RORET

NOUVEAU MANUEL COMPLET

DU

FACTEUR D'ORGUES

NOUVELLE ÉDITION

CONTENANT

L'ORGUE DE DOM BÉDOS DE CELLES ET TOUS LES PERFECTIONNEMENTS DE LA FACTURE

JUSQU'EN 1849

Précédé d'une **NOTICE HISTORIQUE** par **M. HAMEL**

COMPLÉTÉ PAR

L'ORGUE MODERNE

TRAITÉ TECHNIQUE, HISTORIQUE ET PHILOSOPHIQUE

Renfermant tous les progrès accomplis dans la construction de cet instrument

DEPUIS 1849 JUSQU'EN 1903

ET SUIVI D'UNE

BIOGRAPHIE DES PRINCIPAUX FACTEURS D'ORGUES FRANÇAIS ET ÉTRANGERS

PAR

Joseph GUÉDON

ATLAS

PARIS
L. MULO, LIBRAIRE-ÉDITEUR

12, RUE HAUTEFEUILLE, VIe

1903

ENCYCLOPÉDIE-RORET

FACTEUR D'ORGUES

ENCYCLOPÉDIE-RORET

NOUVEAU MANUEL COMPLET

DU

FACTEUR D'ORGUES

NOUVELLE ÉDITION

CONTENANT

L'ORGUE DE DOM BÉDOS DE CELLES ET TOUS LES PERFECTIONNEMENTS DE LA FACTURE

JUSQU'EN 1849

Précédé d'une **NOTICE HISTORIQUE** par **M. HAMEL**

COMPLÉTÉ PAR

L'ORGUE MODERNE

TRAITÉ TECHNIQUE, HISTORIQUE ET PHILOSOPHIQUE

Renfermant tous les progrès accomplis dans la construction de cet instrument

DEPUIS 1849 JUSQU'EN 1903

ET SUIVI D'UNE

BIOGRAPHIE DES PRINCIPAUX FACTEURS D'ORGUES FRANÇAIS ET ÉTRANGERS

PAR

Joseph **GUÉDON**

ATLAS

PARIS

L. MULO, LIBRAIRE-ÉDITEUR

12, RUE HAUTEFEUILLE, VIe

1903

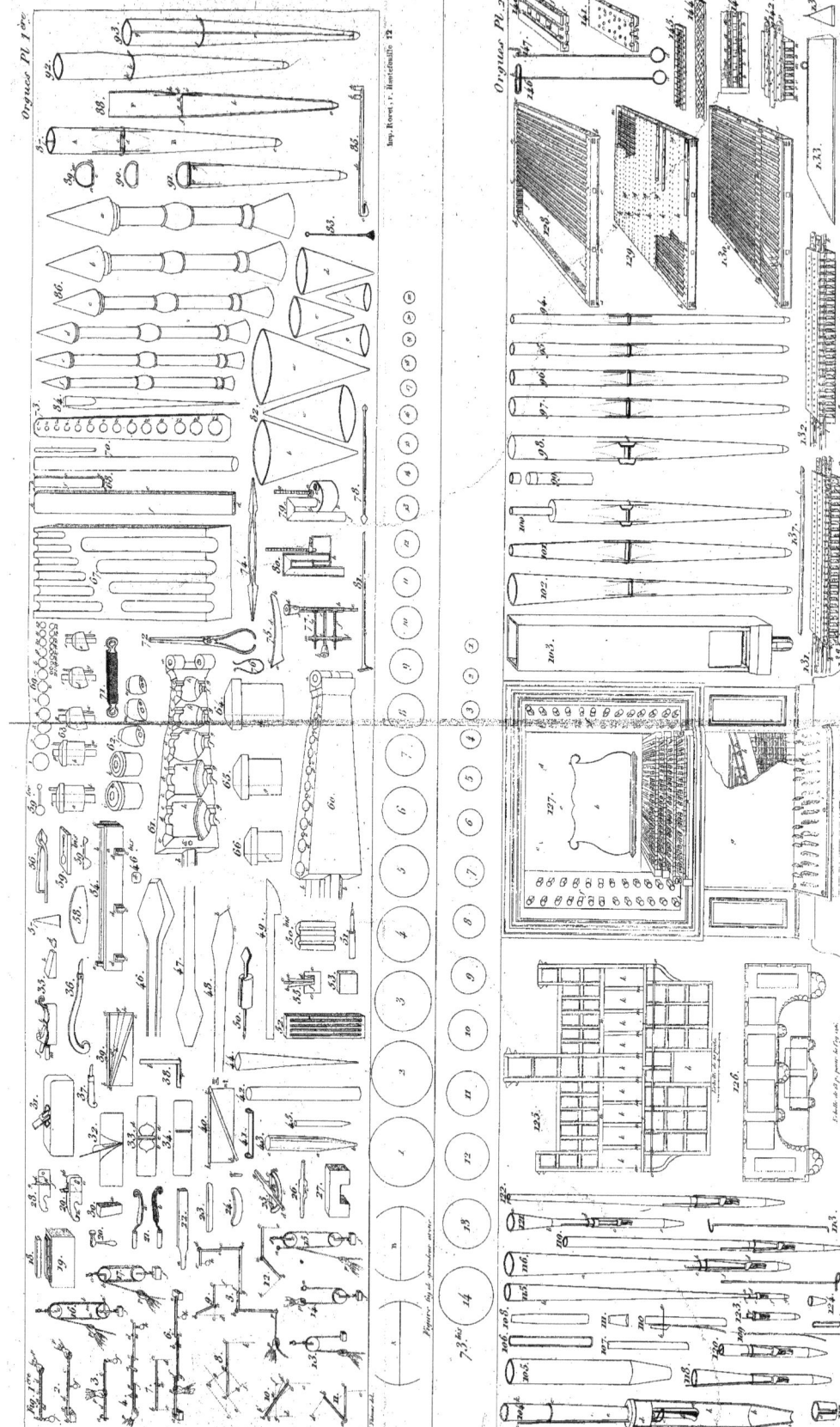

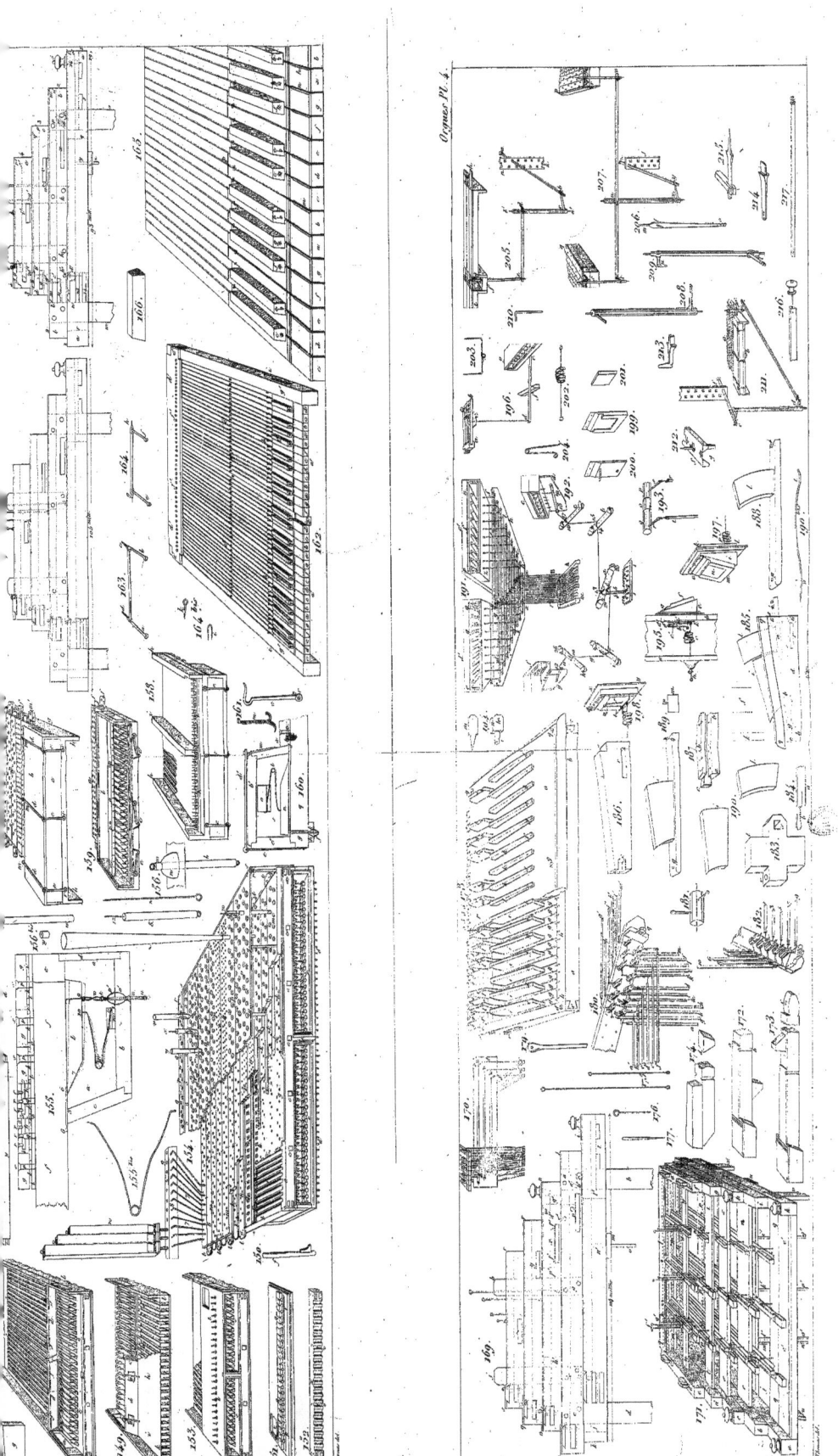

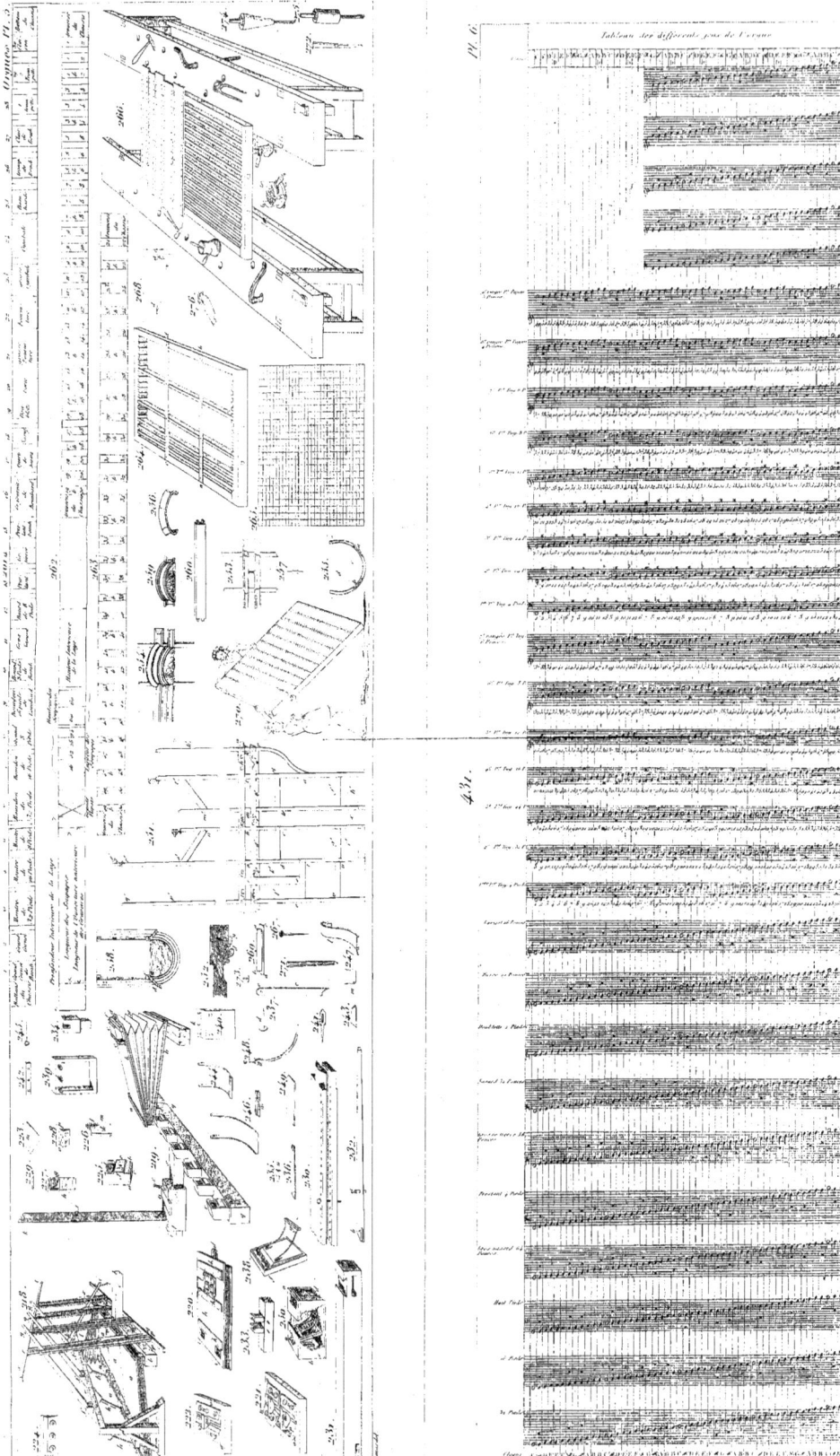

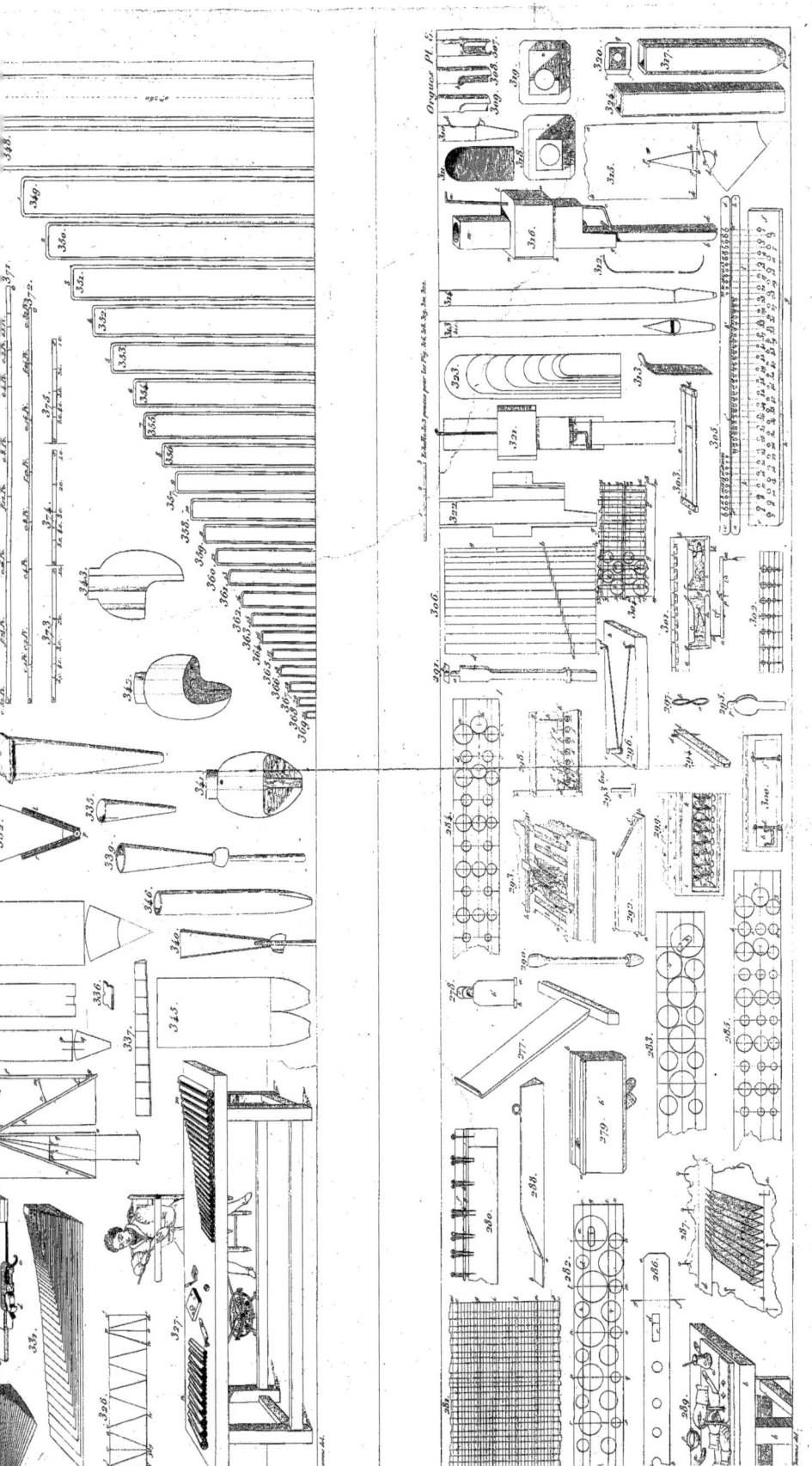

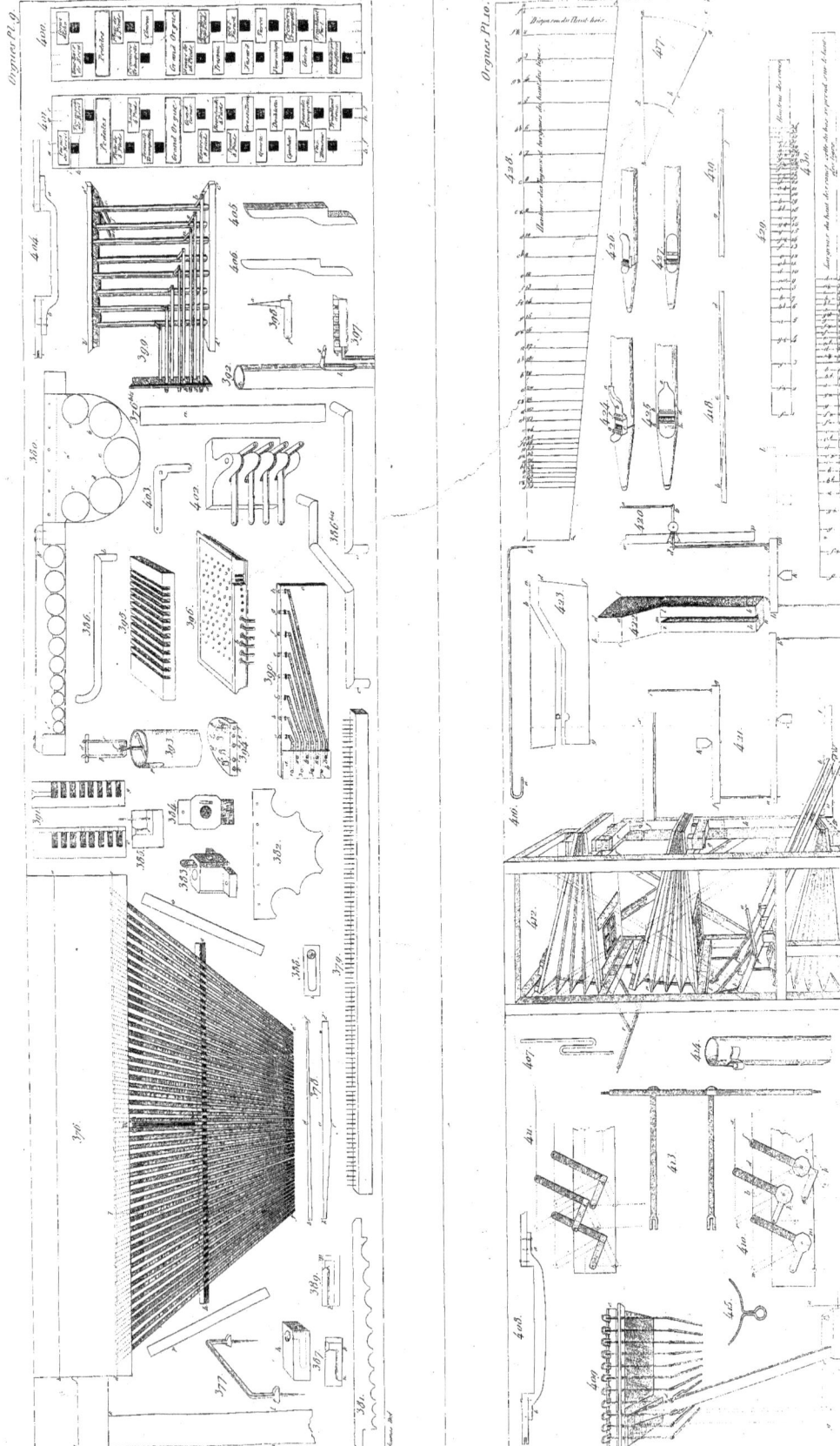

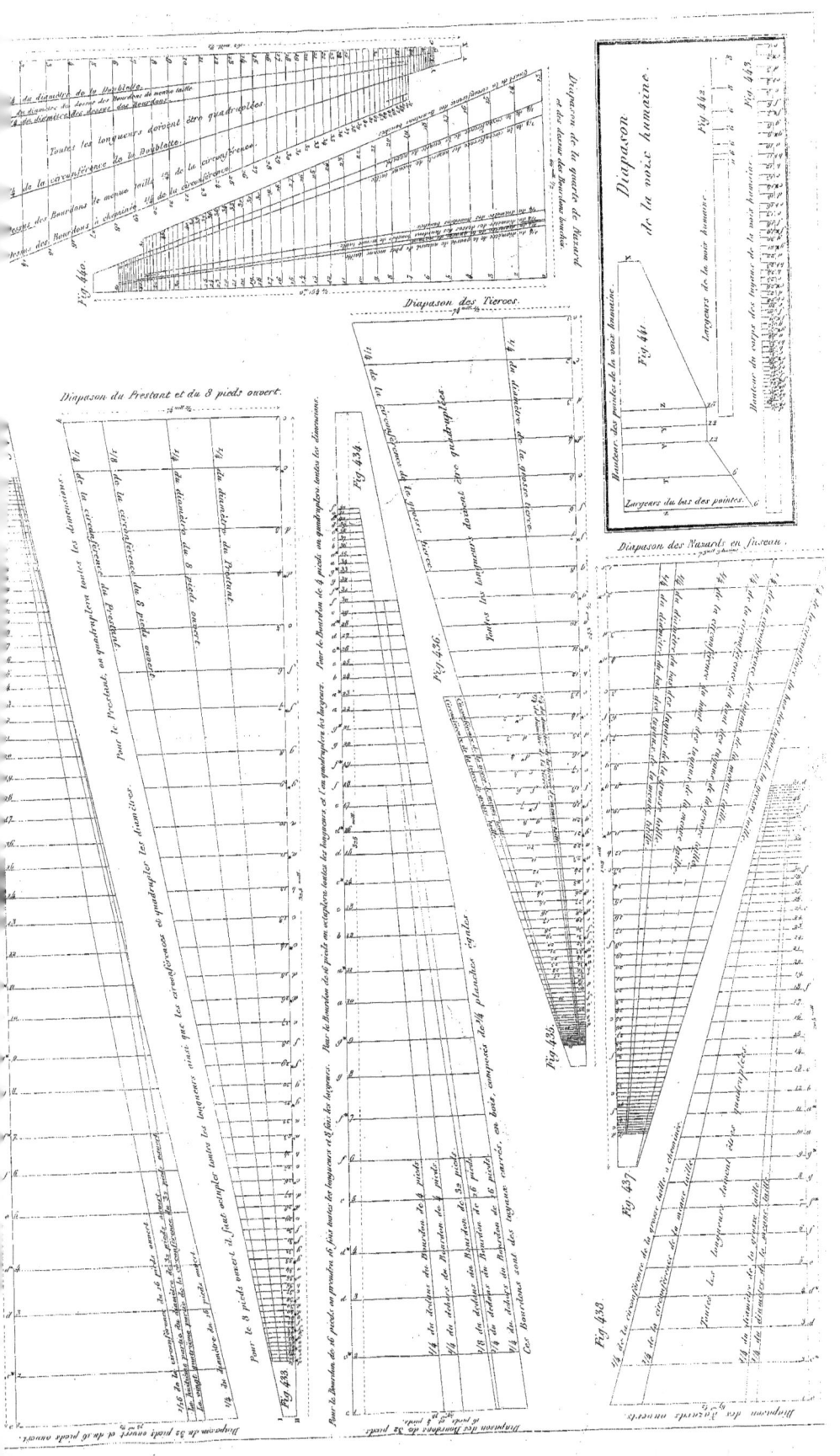

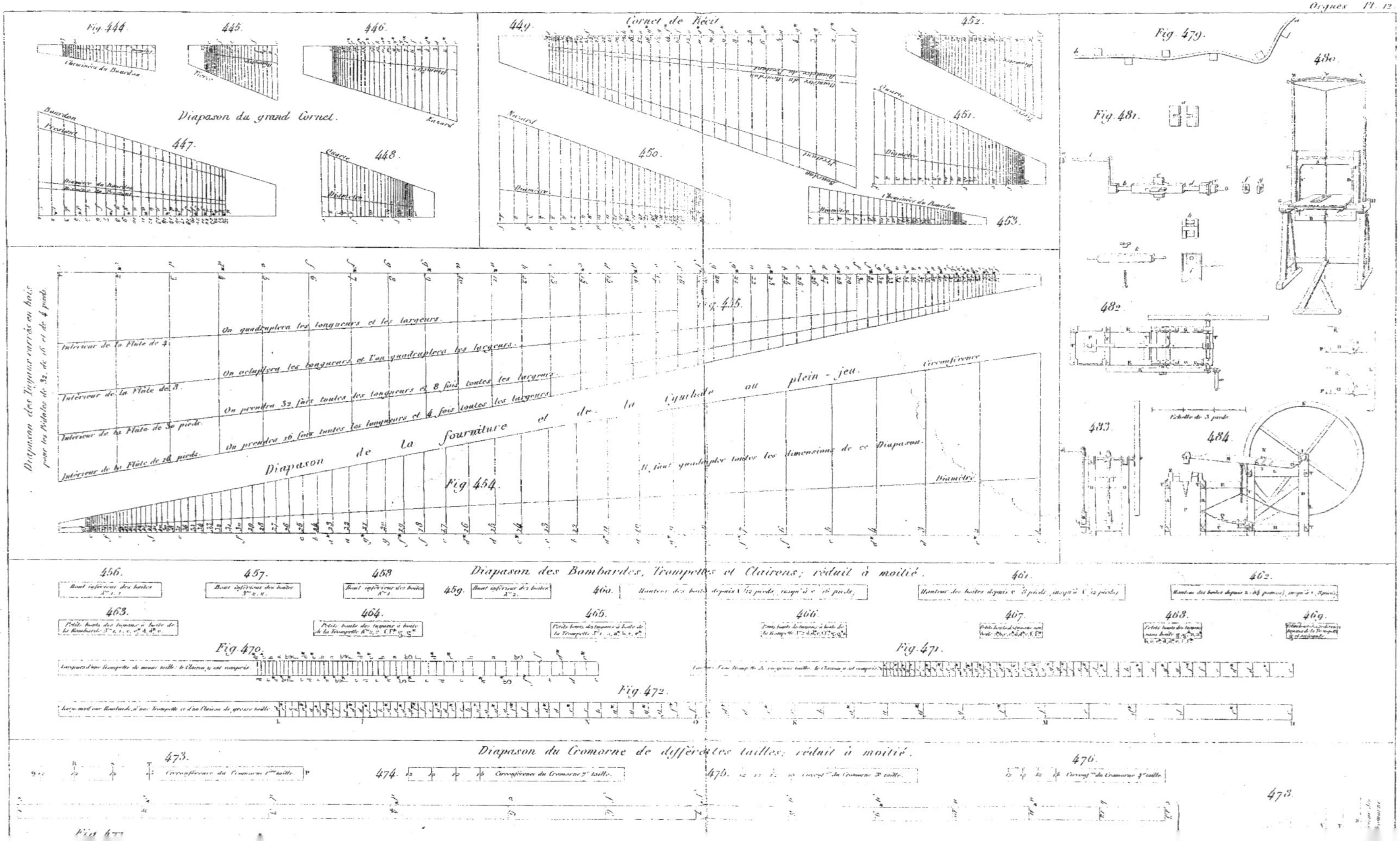
Fig. 444.
Cheminées du Bourdon
445.
Tierce
446.
Diamètre
Nazard
Diapason du grand Cornet.
Bourdon
Prestant
447.
Diamètre du Bourdon
Diamètre du Prestant
448.
Quarte
Diamètre
449.
Cornet de Récit
Diamètre du Bourdon
Diamètre du Prestant
Nazard
450.
Diamètre
Prestant
Bourdon
452.
Diamètre
Tierce
Quarte
451.
Diamètre
Cheminées du Bourdon
Diamètre
453.
Fig. 479.
480.
Fig. 481.
482.
483.
484.
Echelle de 3 pieds
Diapason des Tuyaux carrés en bois pour les Pédales de 32, de 16 et de 4 pieds.
Intérieur de la Flûte de 4.
Intérieur de la Flûte de 8.
Intérieur de la Flûte de 32 pieds.
Intérieur de la Flûte de 16 pieds.
On quadruplera les longueurs et les largeurs.
On octuplera les longueurs et l'on quadruplera les largeurs.
On prendra 32 fois toutes les longueurs et 8 fois toutes les largeurs.
On prendra 16 fois toutes les longueurs et 4 fois toutes les largeurs.
Fig. 455.
Diapason de la fourniture et de la Cymbale ou plein-jeu.
Circonférence
Il faut quadrupler toutes les dimensions de ce Diapason.
Diamètre
Fig. 454.
Diapason des Bombardes, Trompettes et Clairons; réduit à moitié.
456.
Bout inférieur des boîtes N° 1.
457.
Bout inférieur des boîtes N° 2.
458.
Bout inférieur des boîtes N° 1.
459.
Bout inférieur des boîtes N° 2.
460.
Hauteur des boîtes depuis C 32 pieds jusqu'à C 16 pieds.
461.
Hauteur des boîtes depuis C 8 pieds jusqu'à C 32 pieds.
462.
Hauteur des boîtes depuis 2 pouces jusqu'à 8 pouces.
463.
464.
465.
466.
467.
468.
469.
Fig. 470.
Largeurs d'une Trompette de menue taille: le Clairon y est compris.
Fig. 471.
Fig. 472.
Diapason du Cromorne de différentes tailles; réduit à moitié.
473.
Circonférence du Cromorne 1re taille.
474.
Circonférence du Cromorne 2e taille.
475.
Circonf. du Cromorne 3e taille.
476.
Circonf. du Cromorne 4e taille.
478.
Fig. 477.

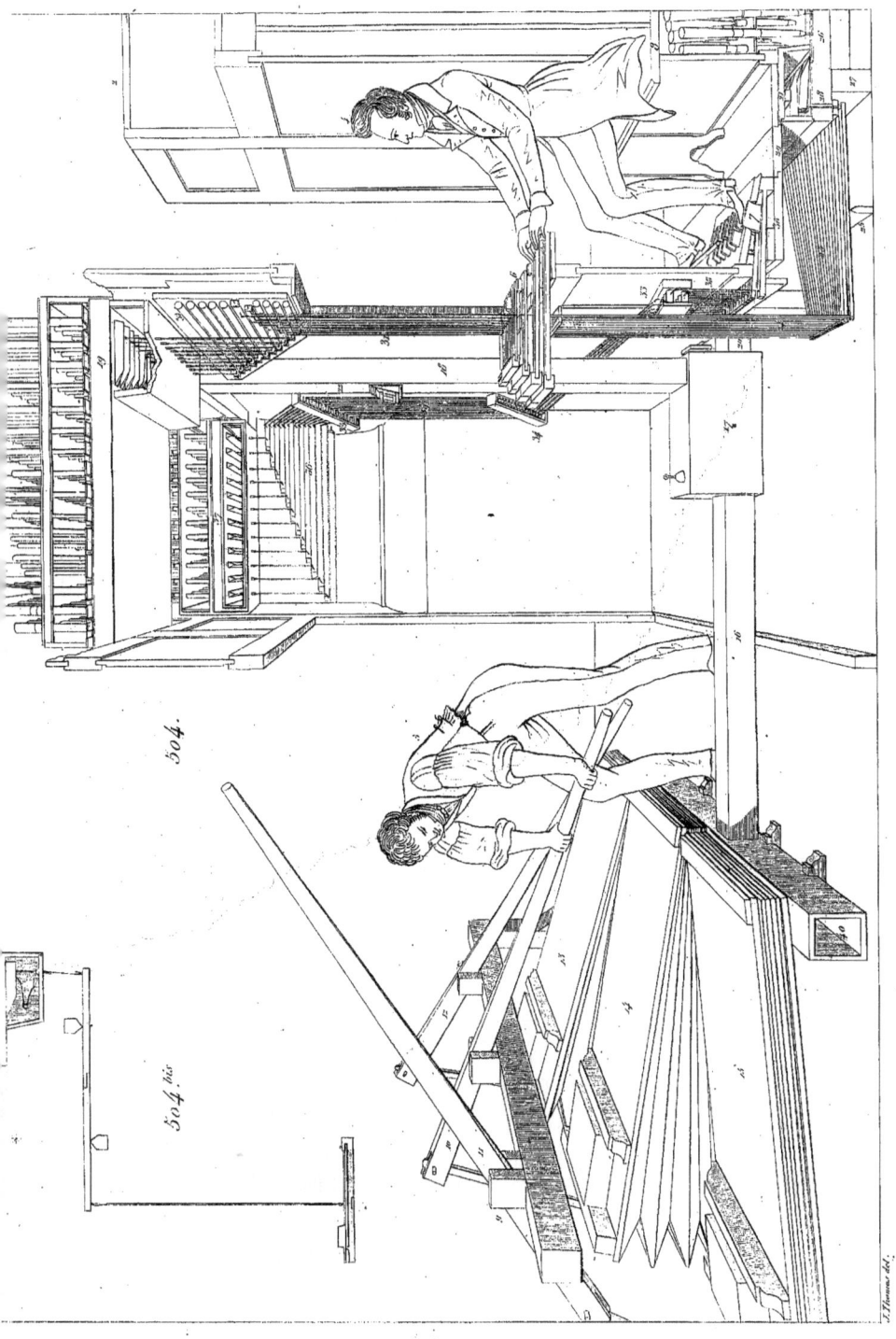

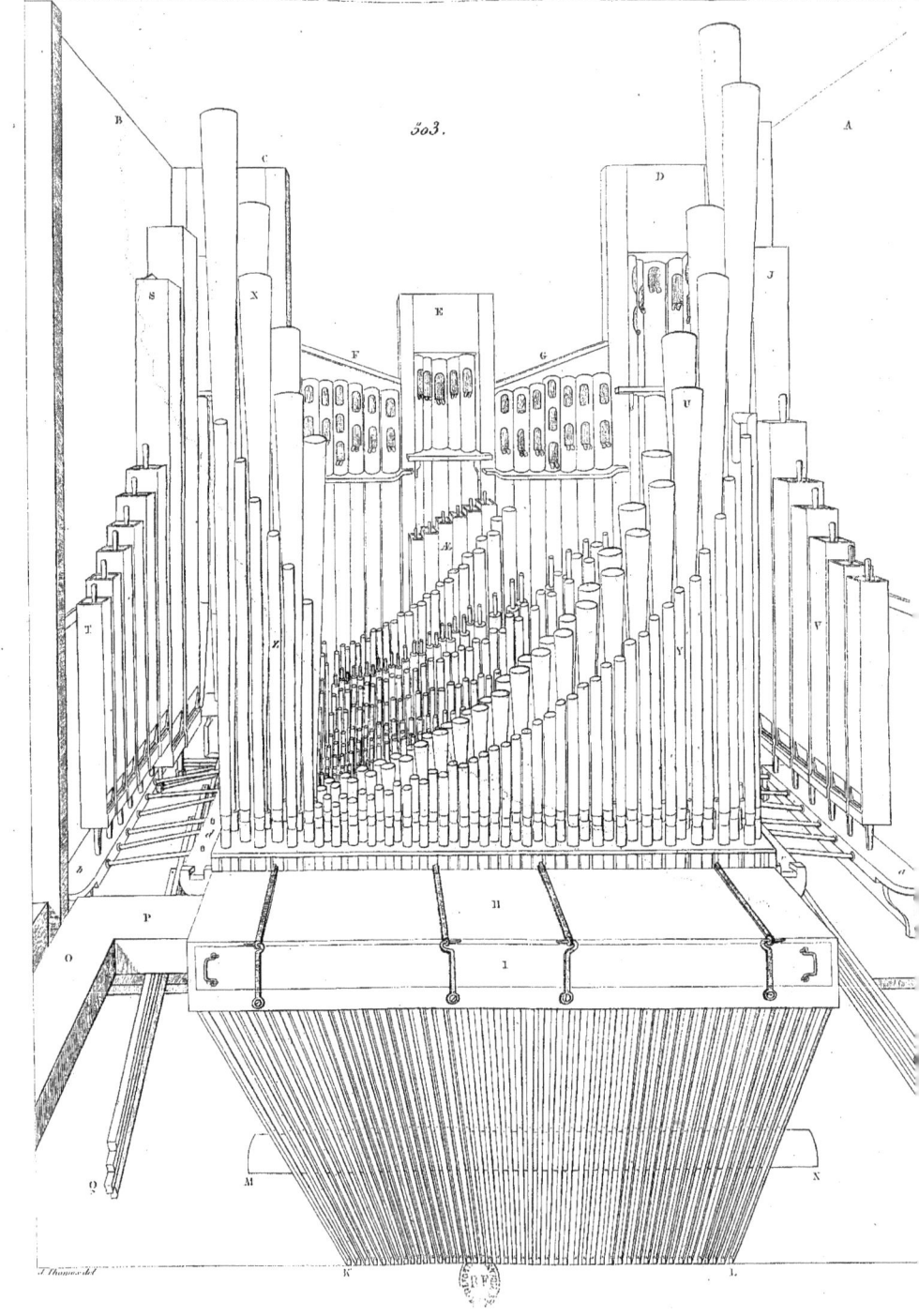

548.

Vue perspective de l'intérieur d'une Orgue de 16 pieds.

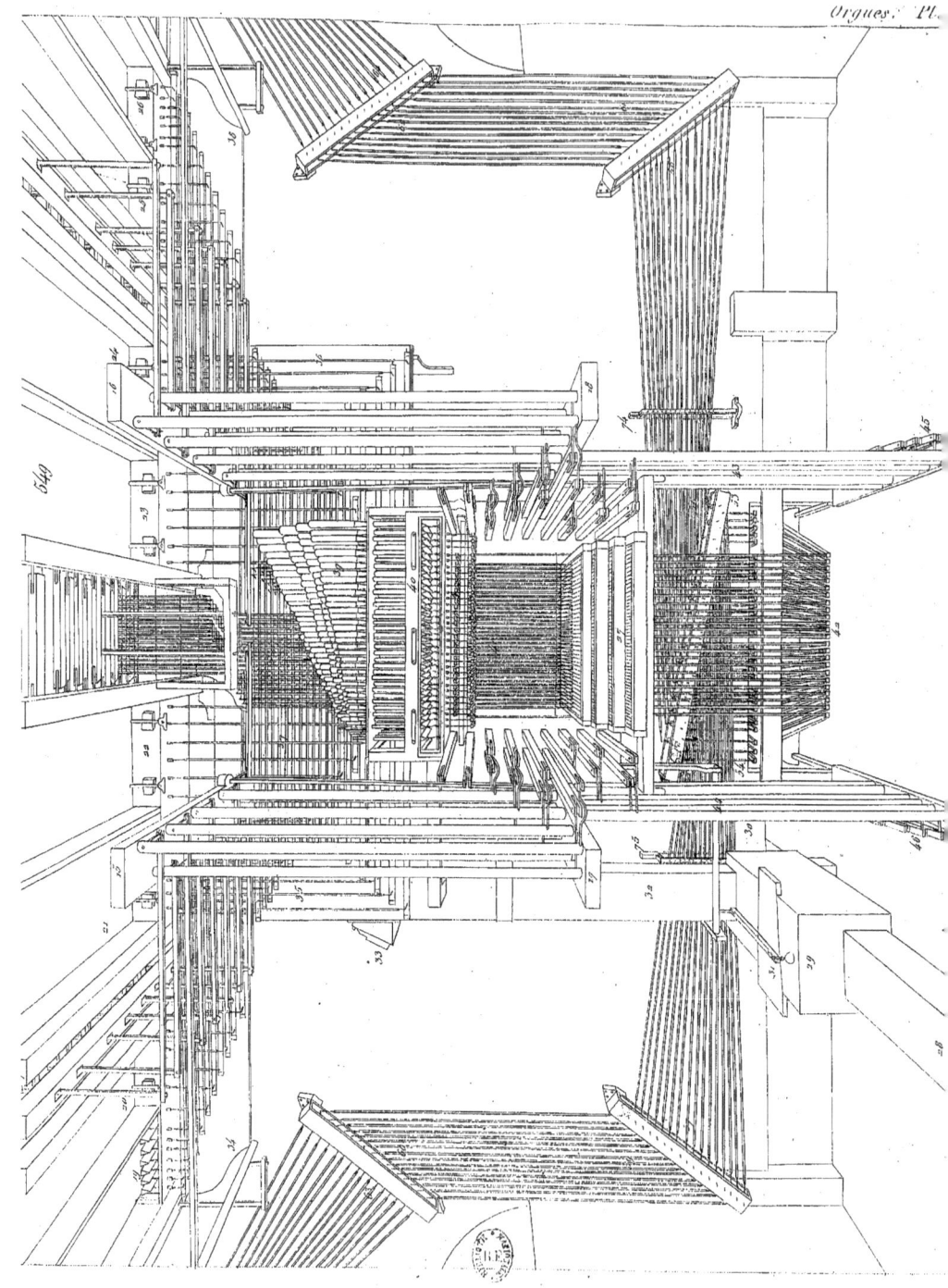

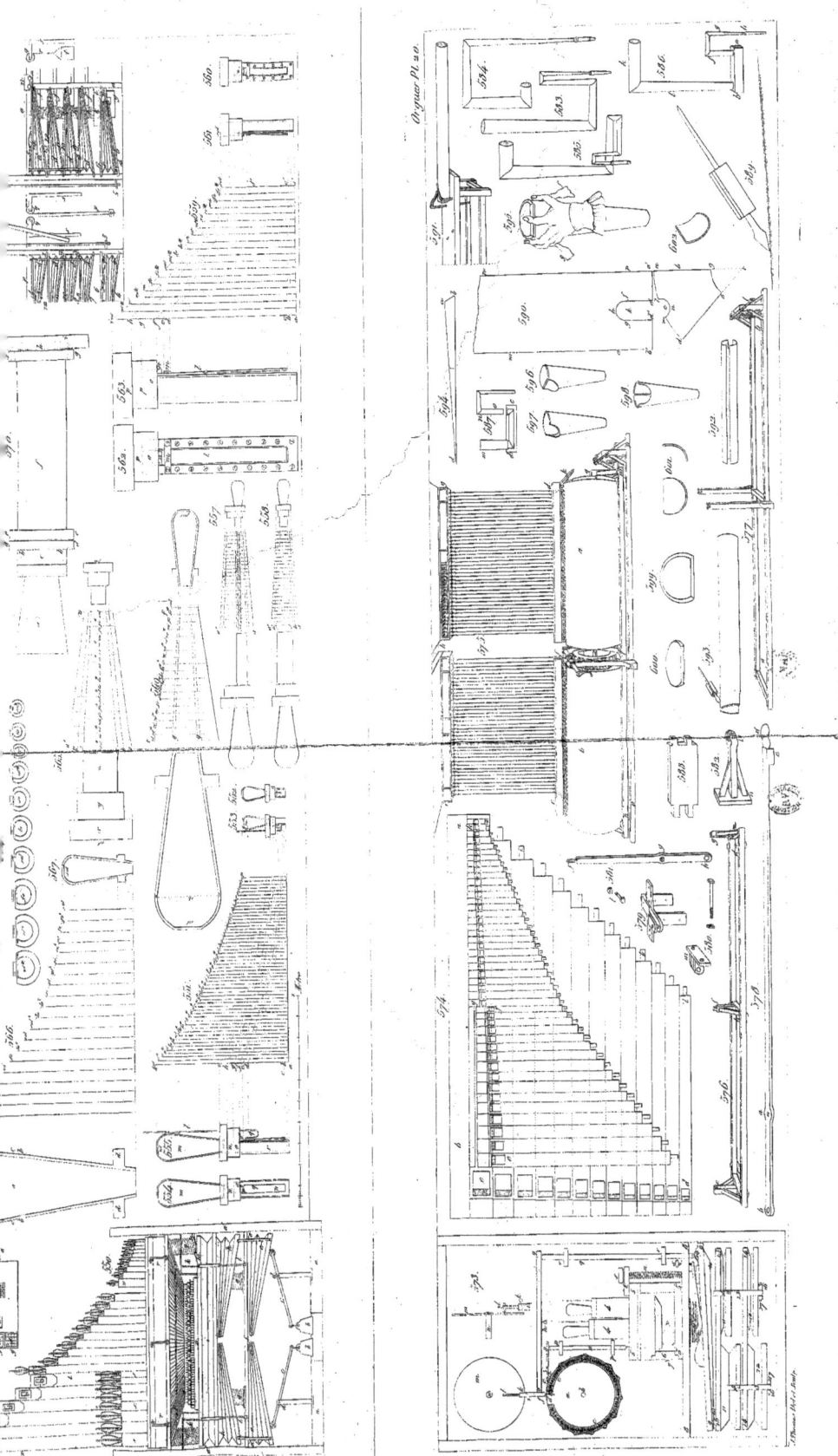

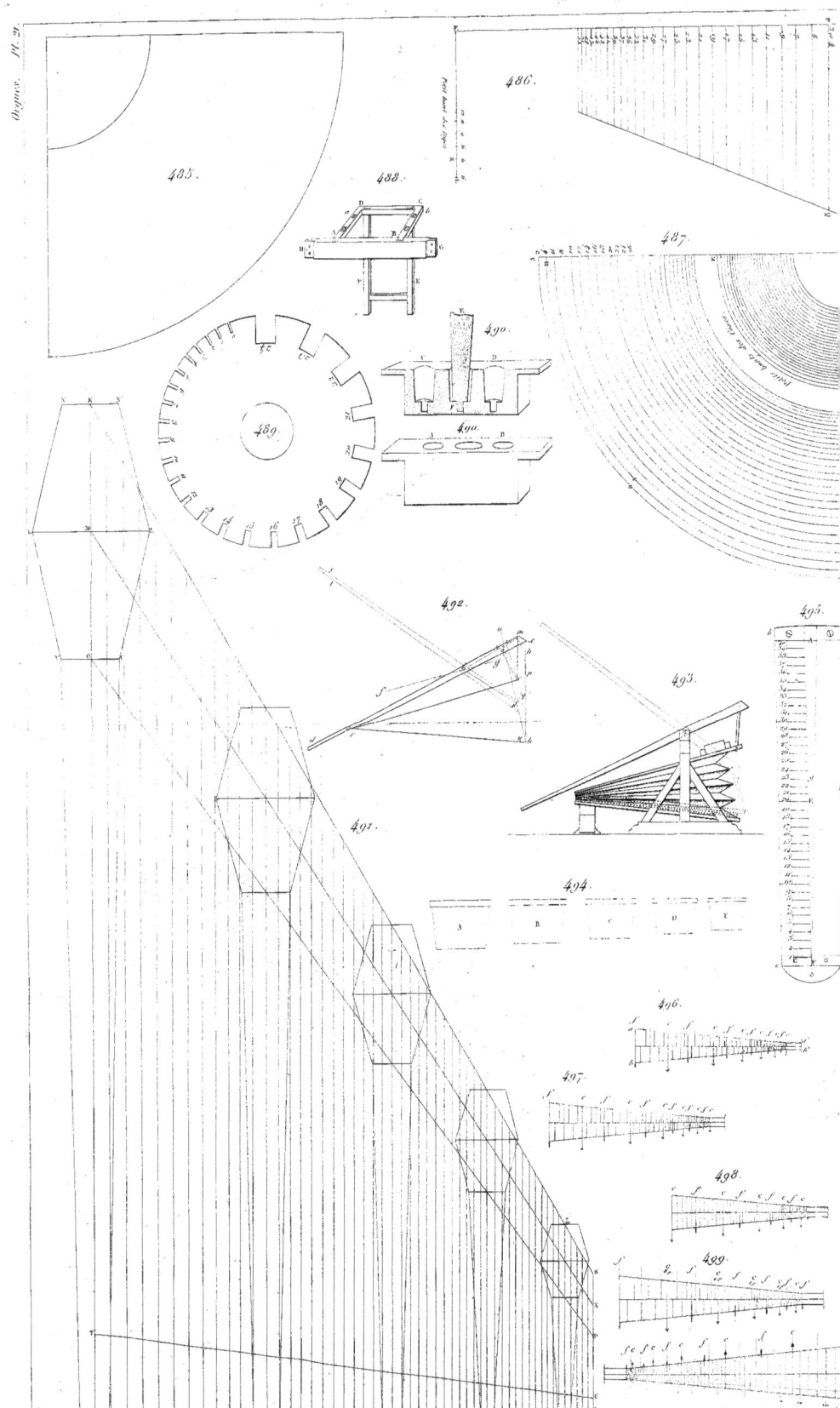

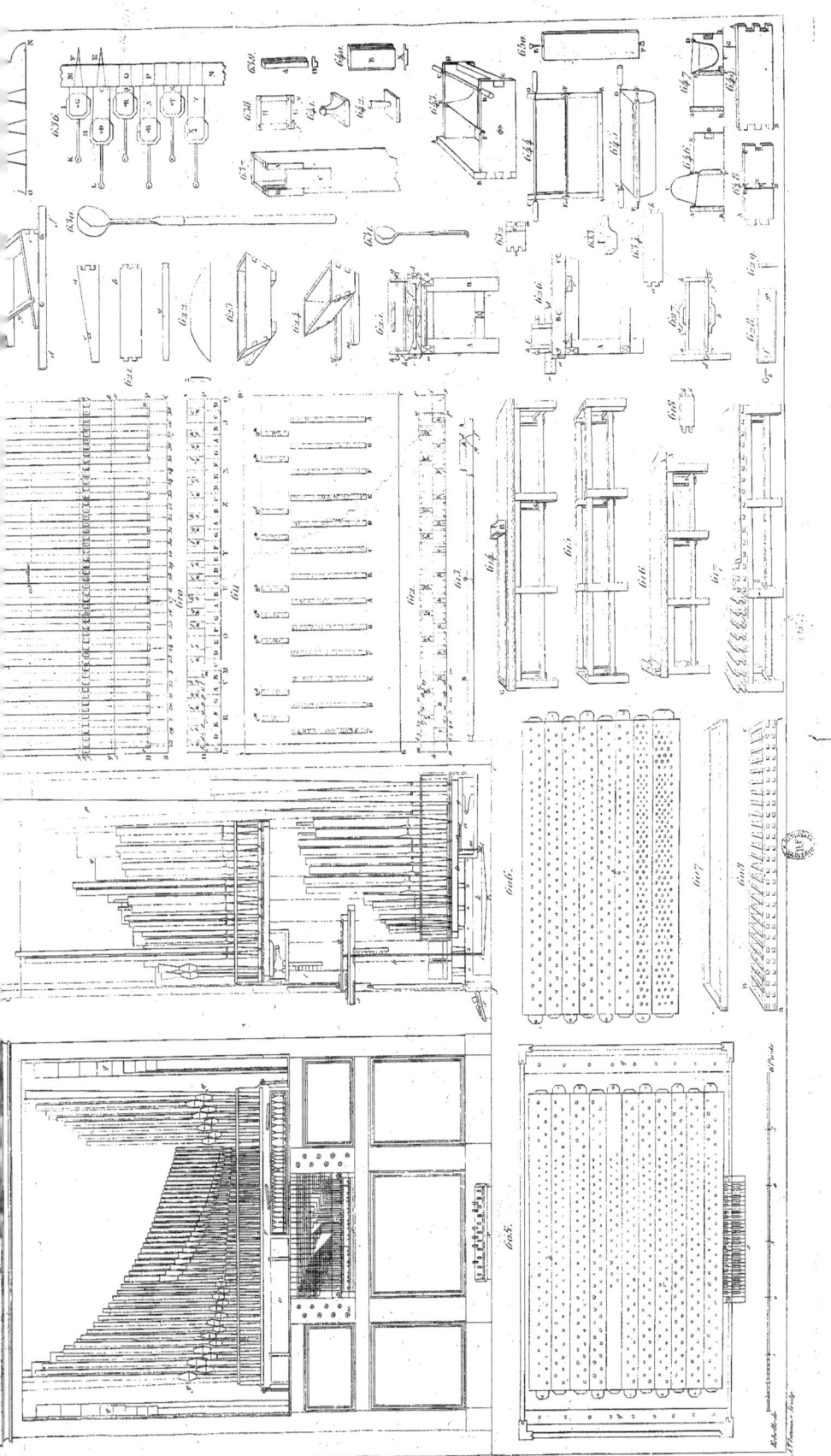

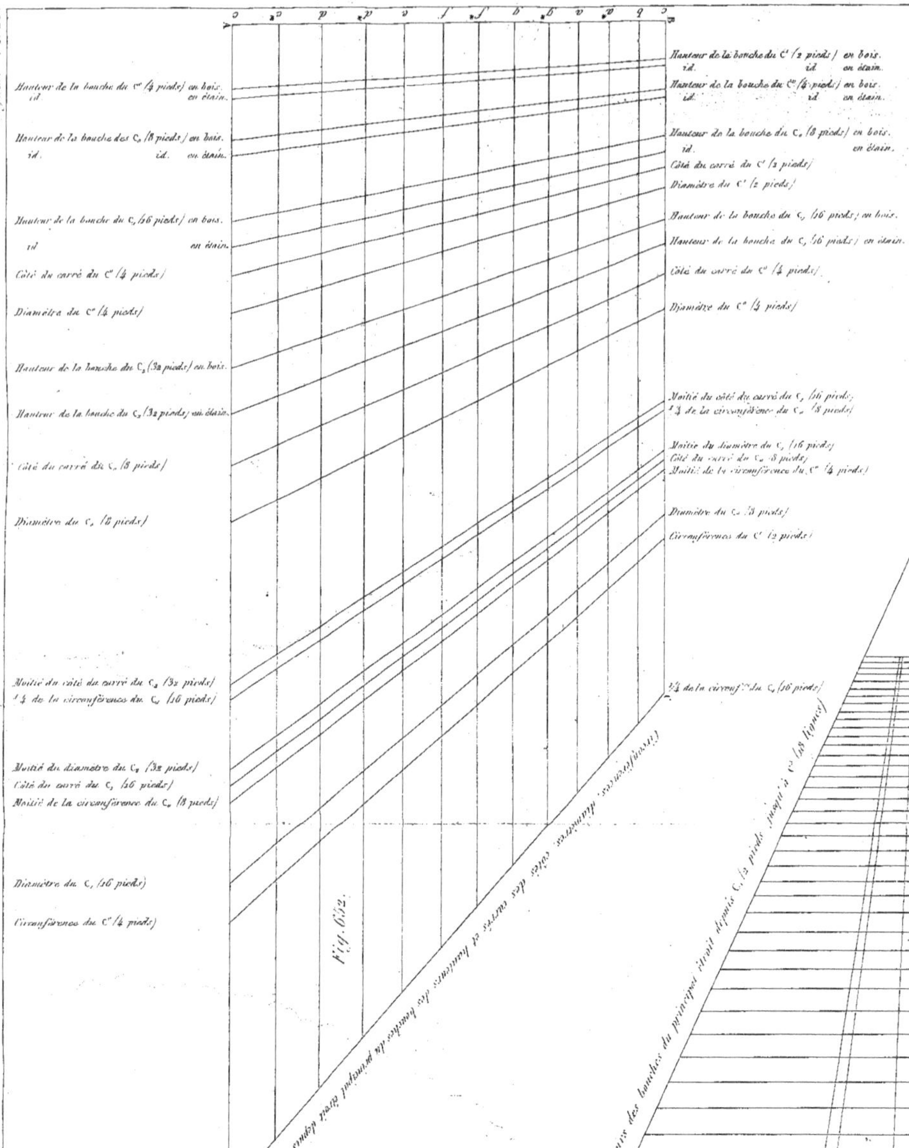

Fig. 652.

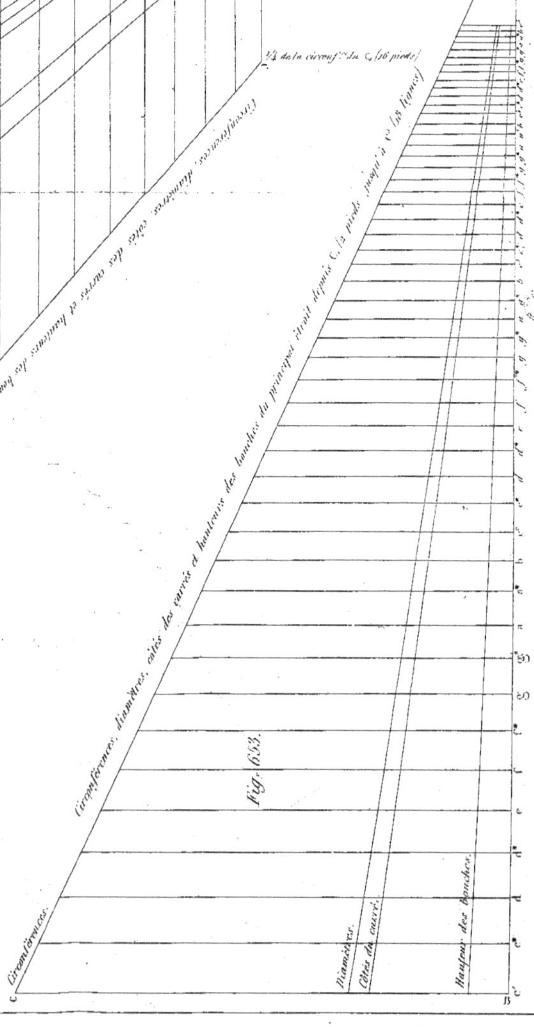

Fig. 653.

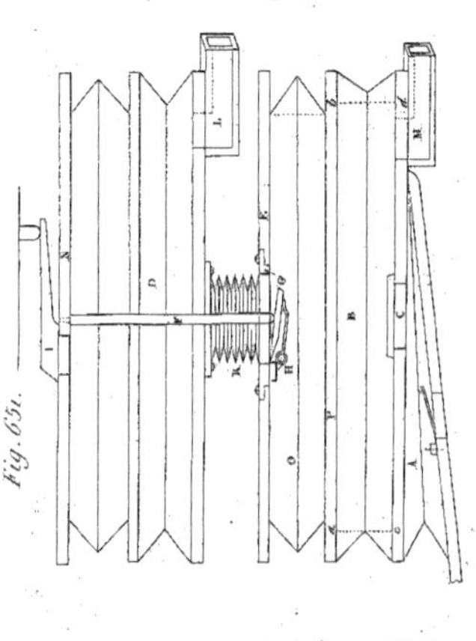

Fig. 651.

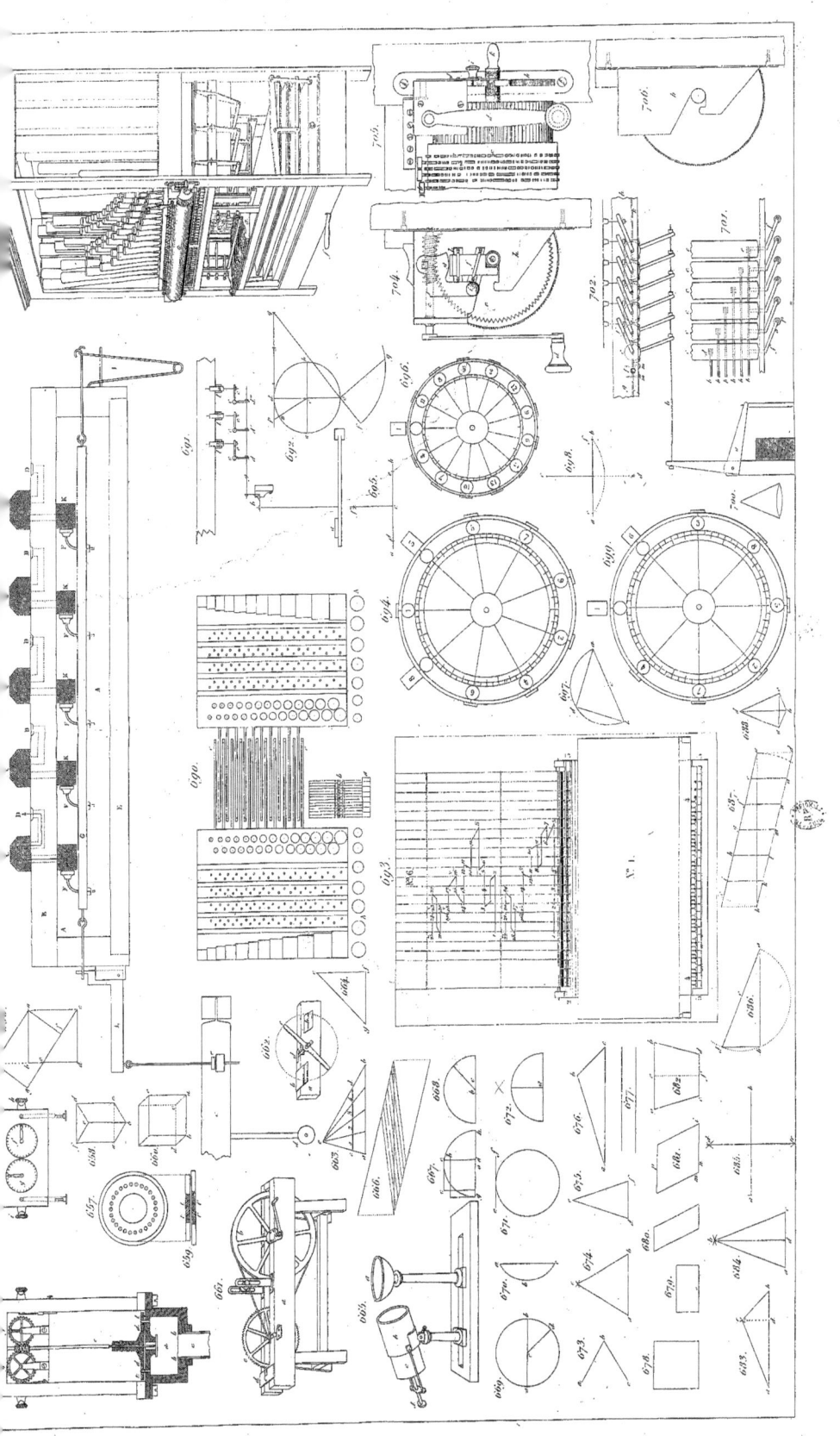

Orgues. Pl. 23.

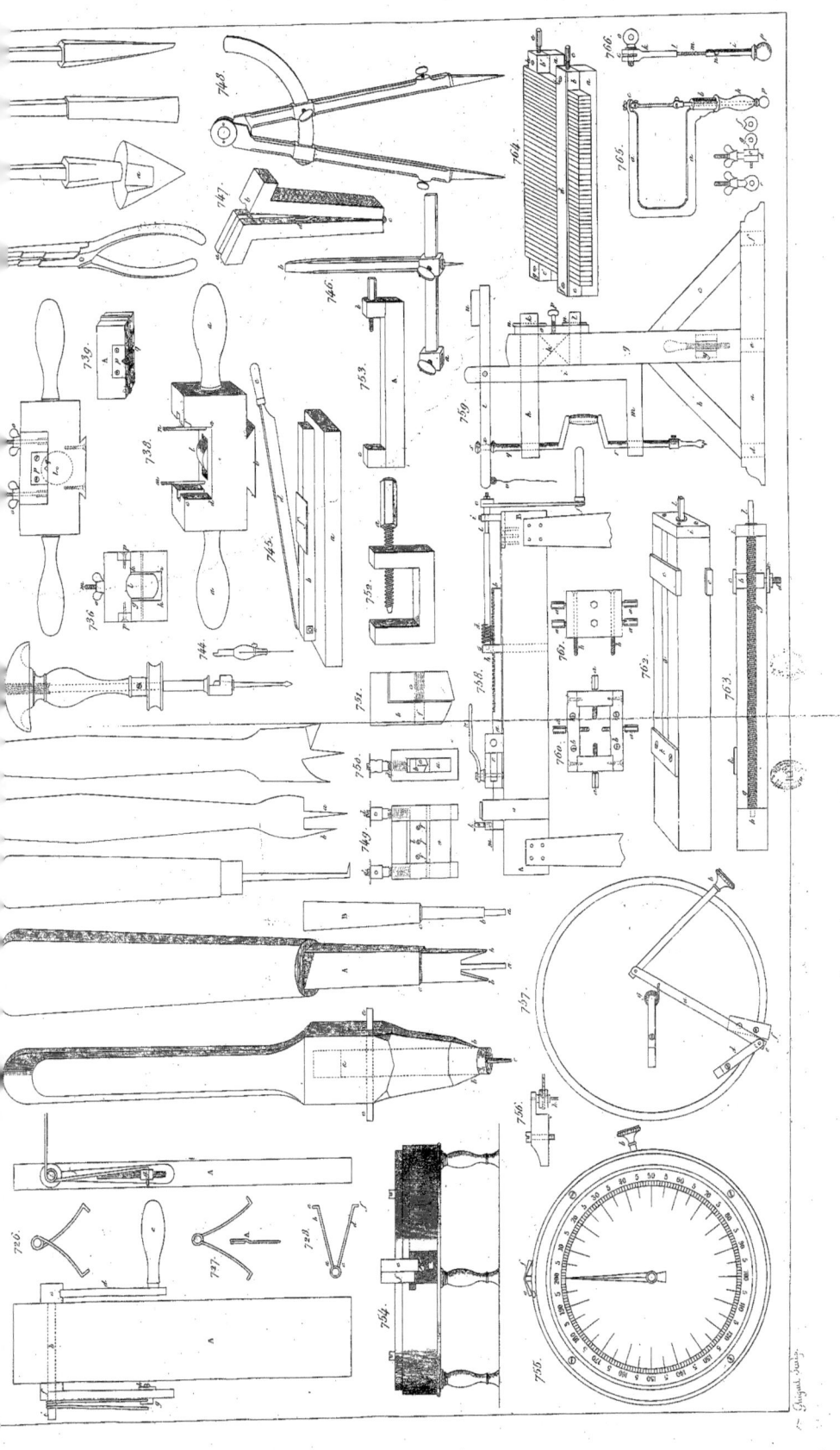

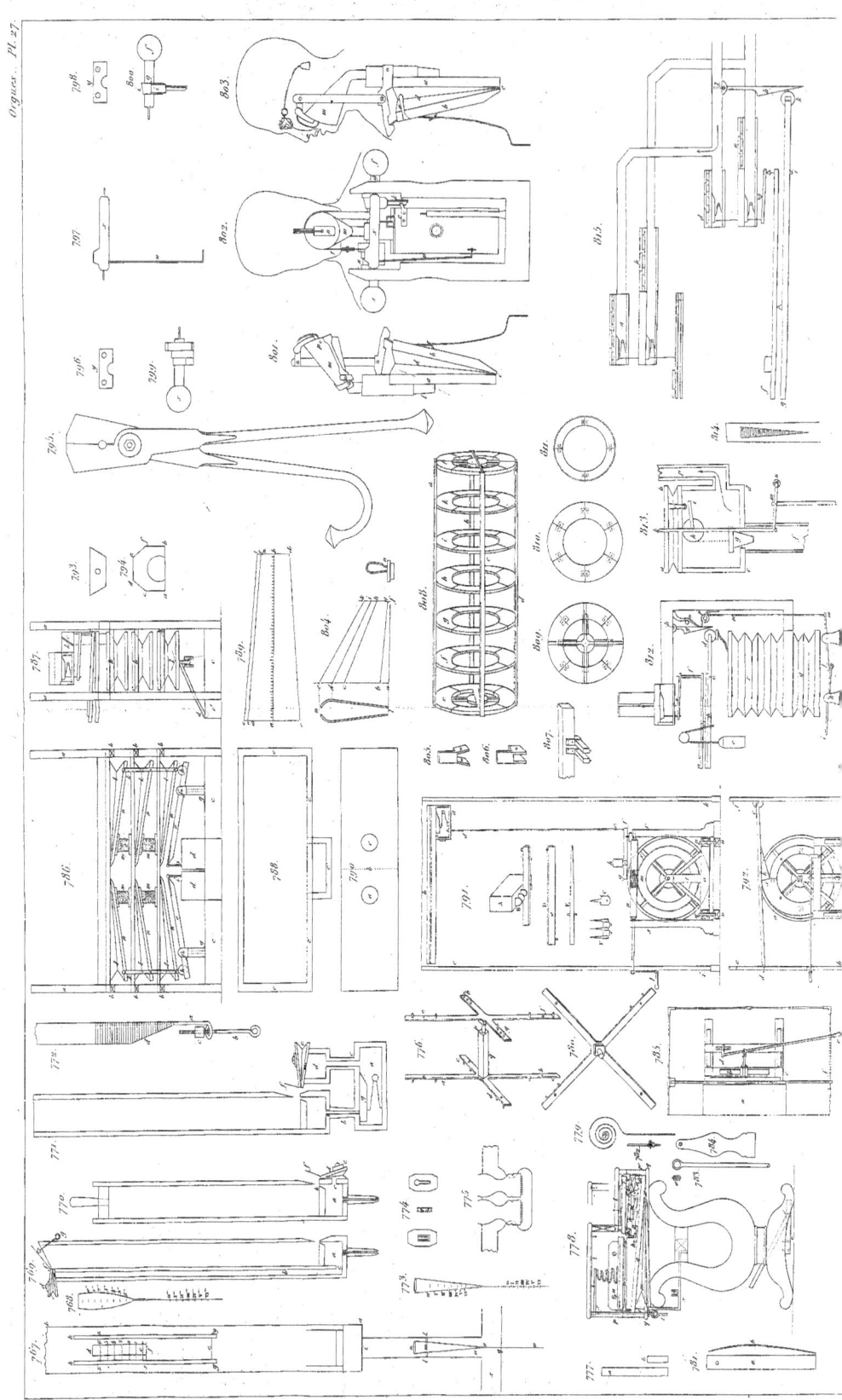

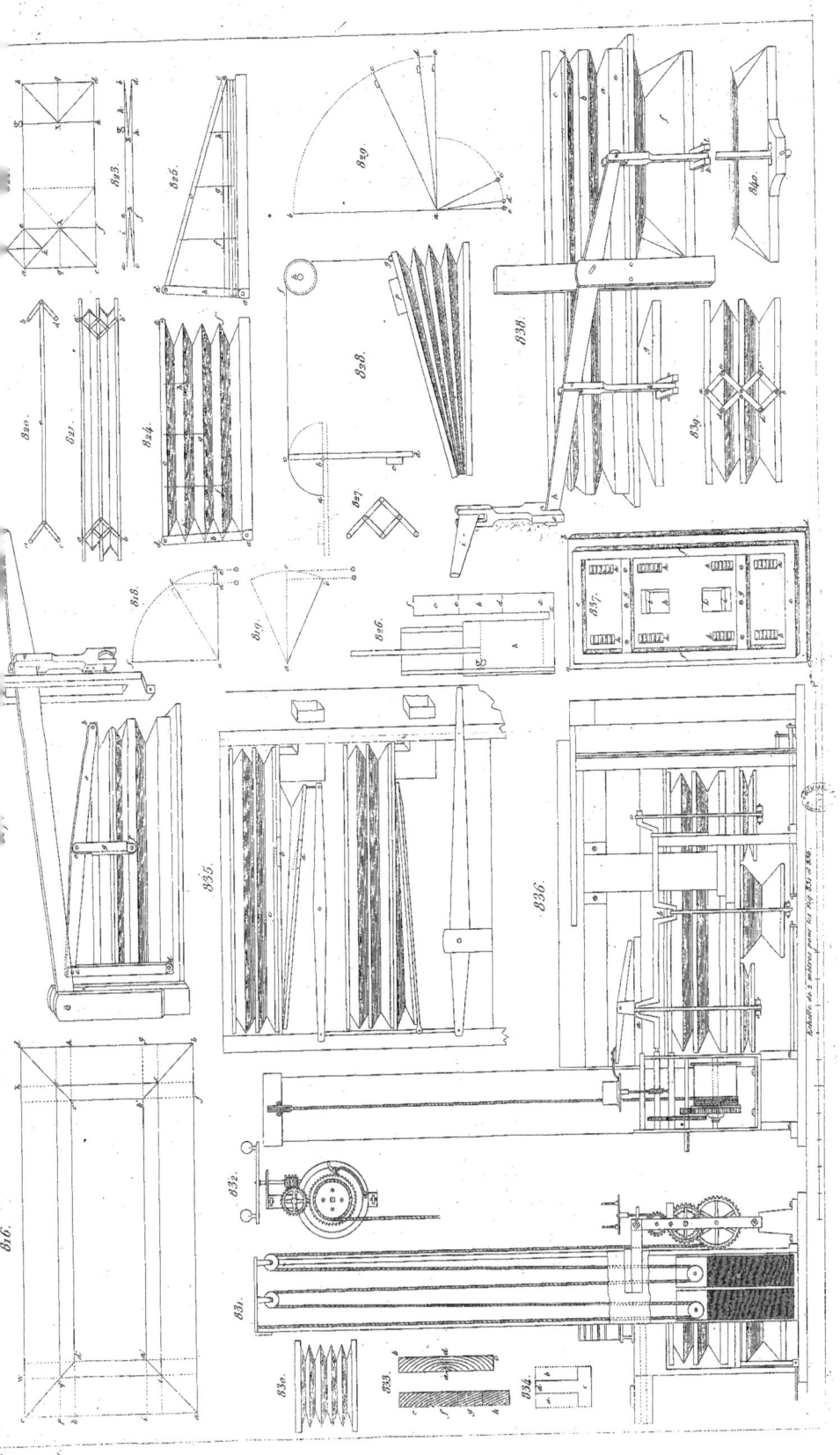

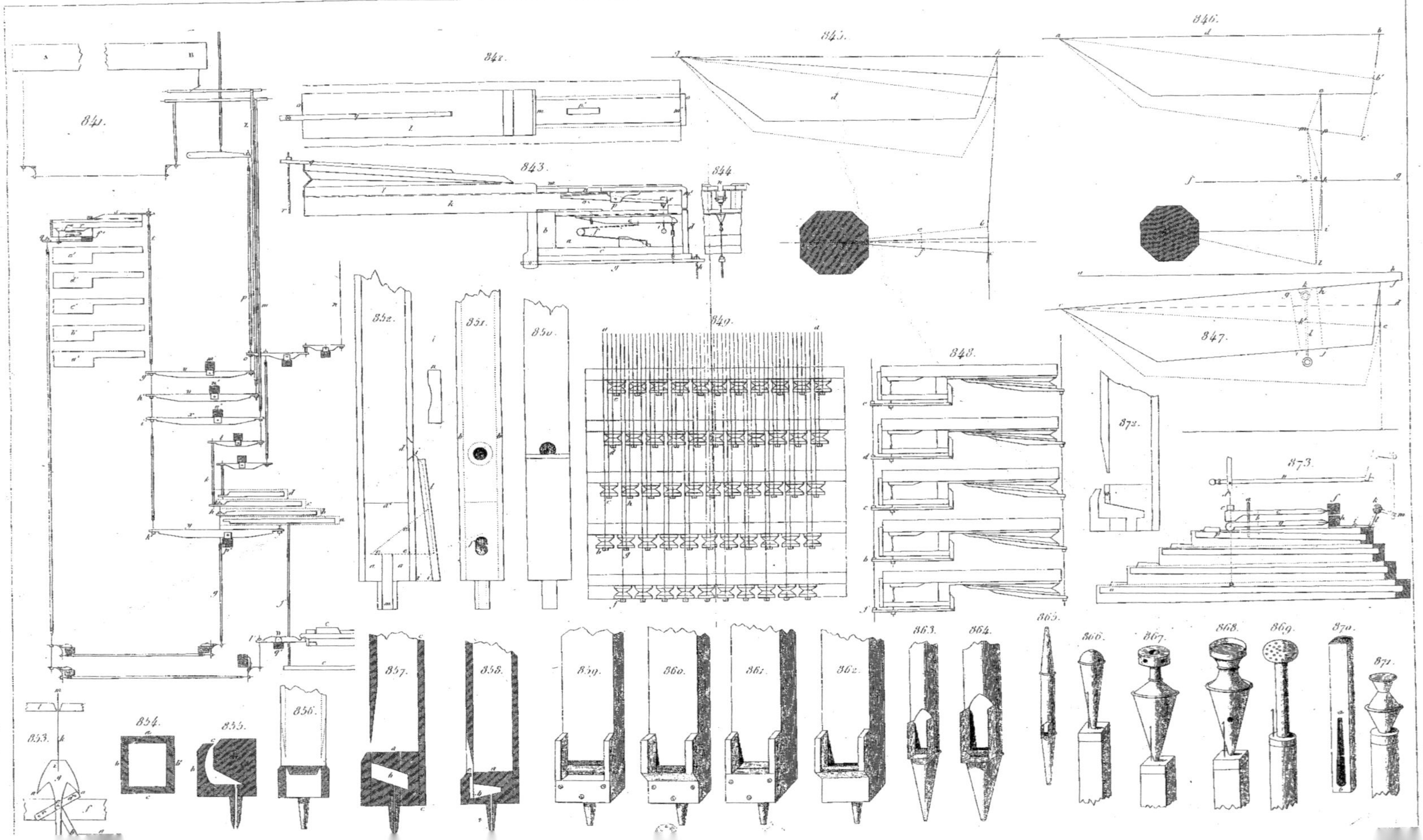
841.
842.
843.
844.
845.
846.
847.
848.
849.
850.
851.
852.
853.
854.
855.
856.
857.
858.
859.
860.
861.
862.
863.
864.
865.
866.
867.
868.
869.
870.
871.
872.
873.

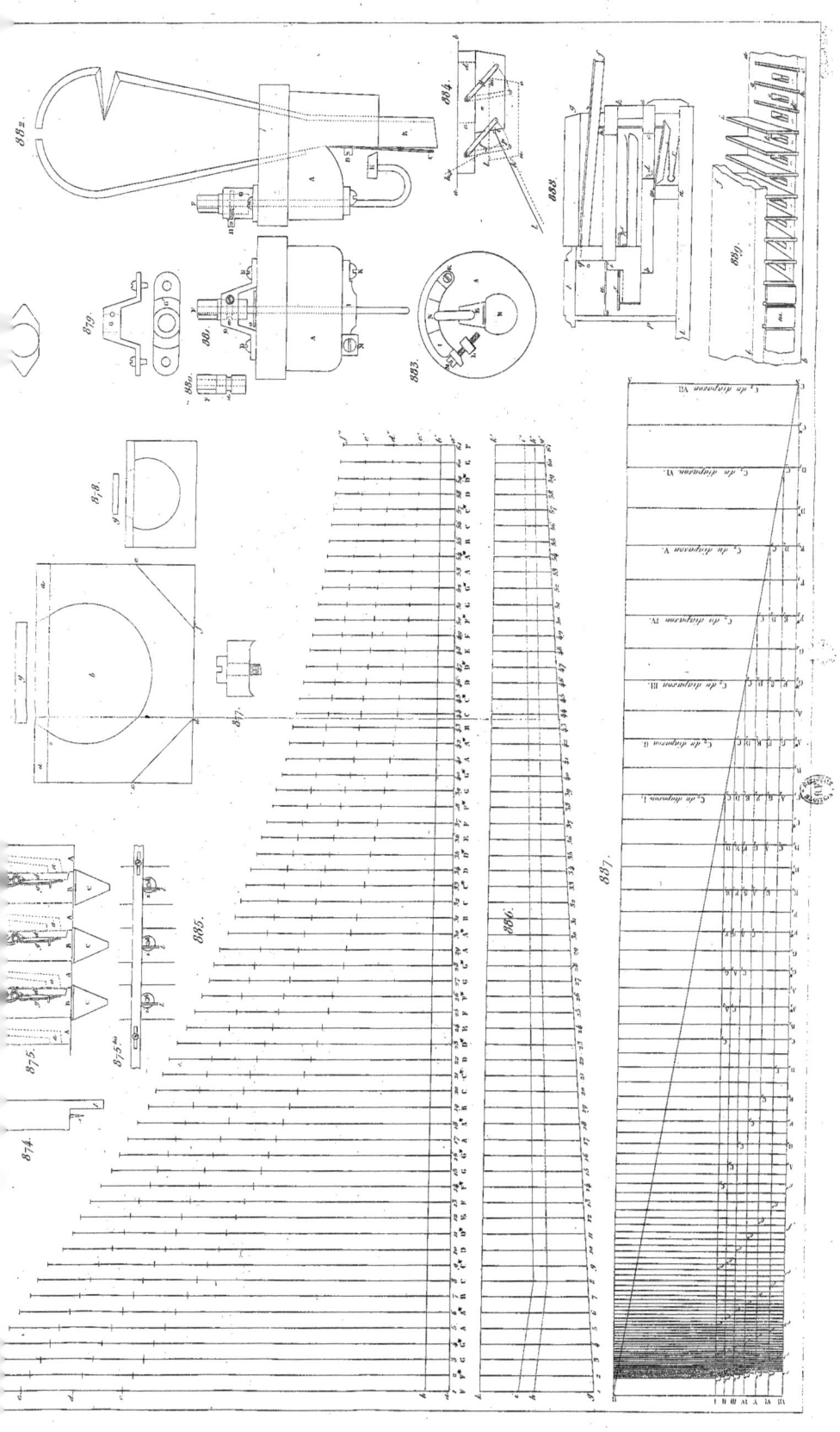

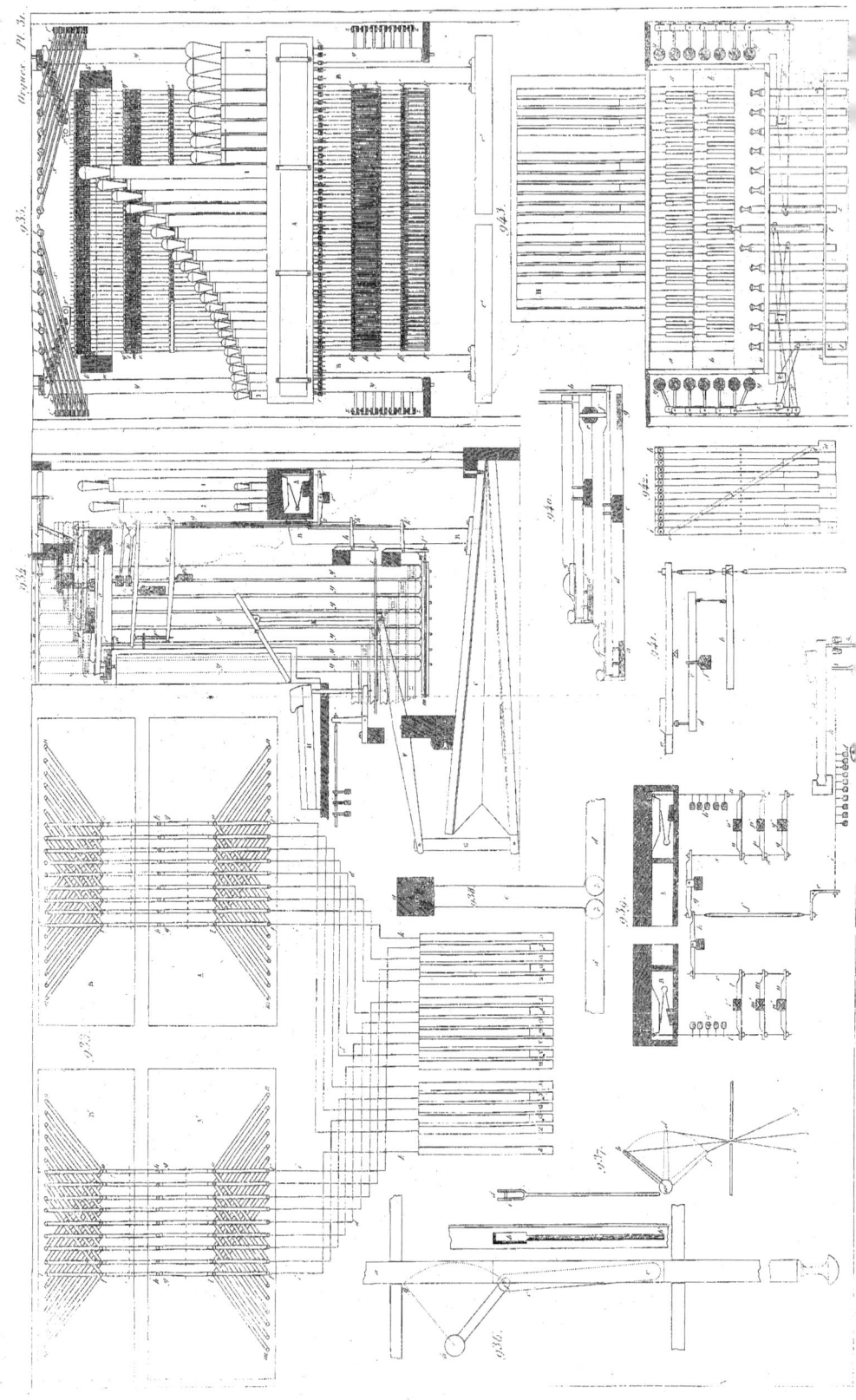

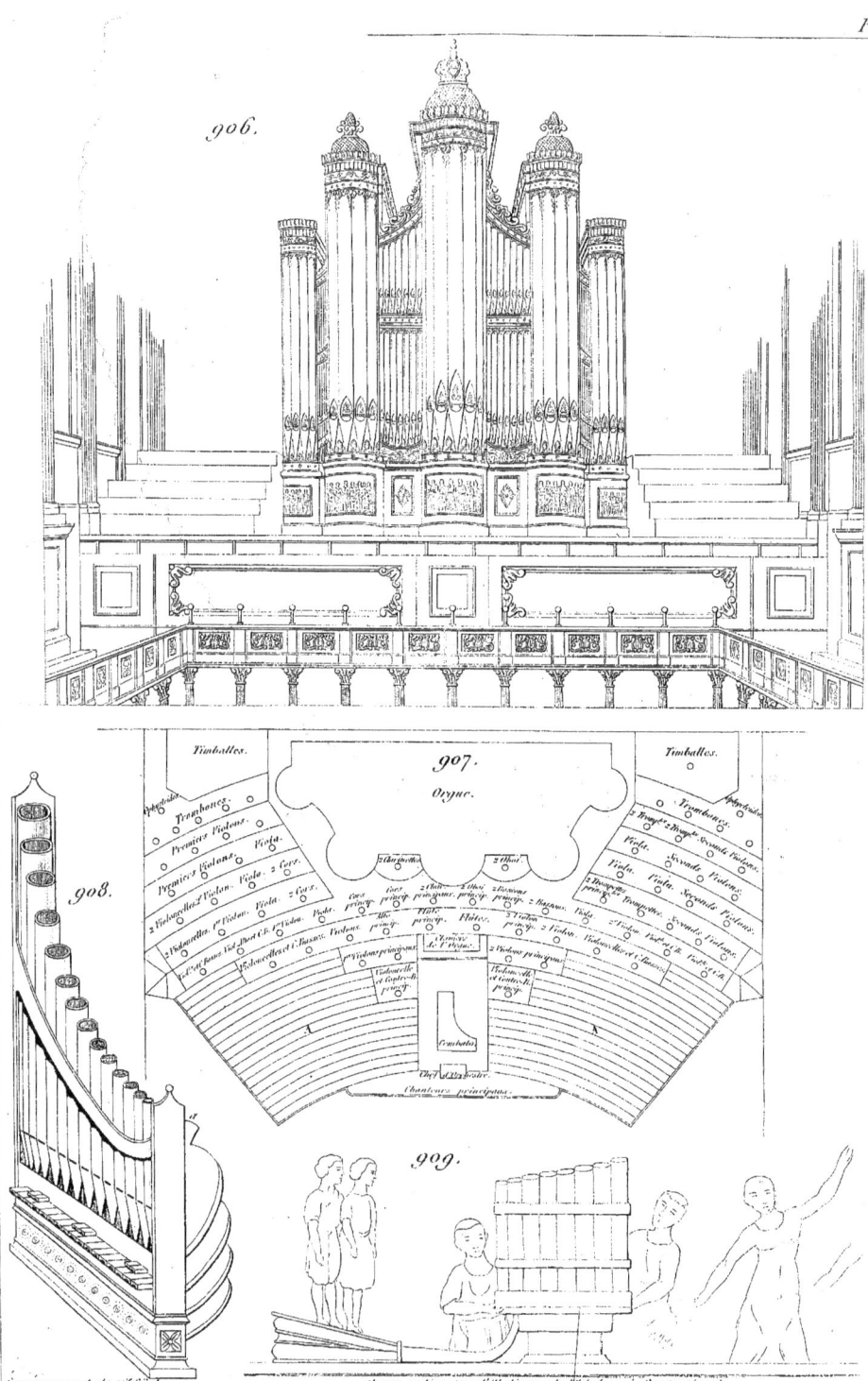

DESCRIPTION EXTÉRIEURE D'EN PROJETS EN PERSPECTIVE DE L'ORGUE DE L'ABBAYE DE WEINGARTEN, DANS LA SOUABE EN ALLEMAGNE.

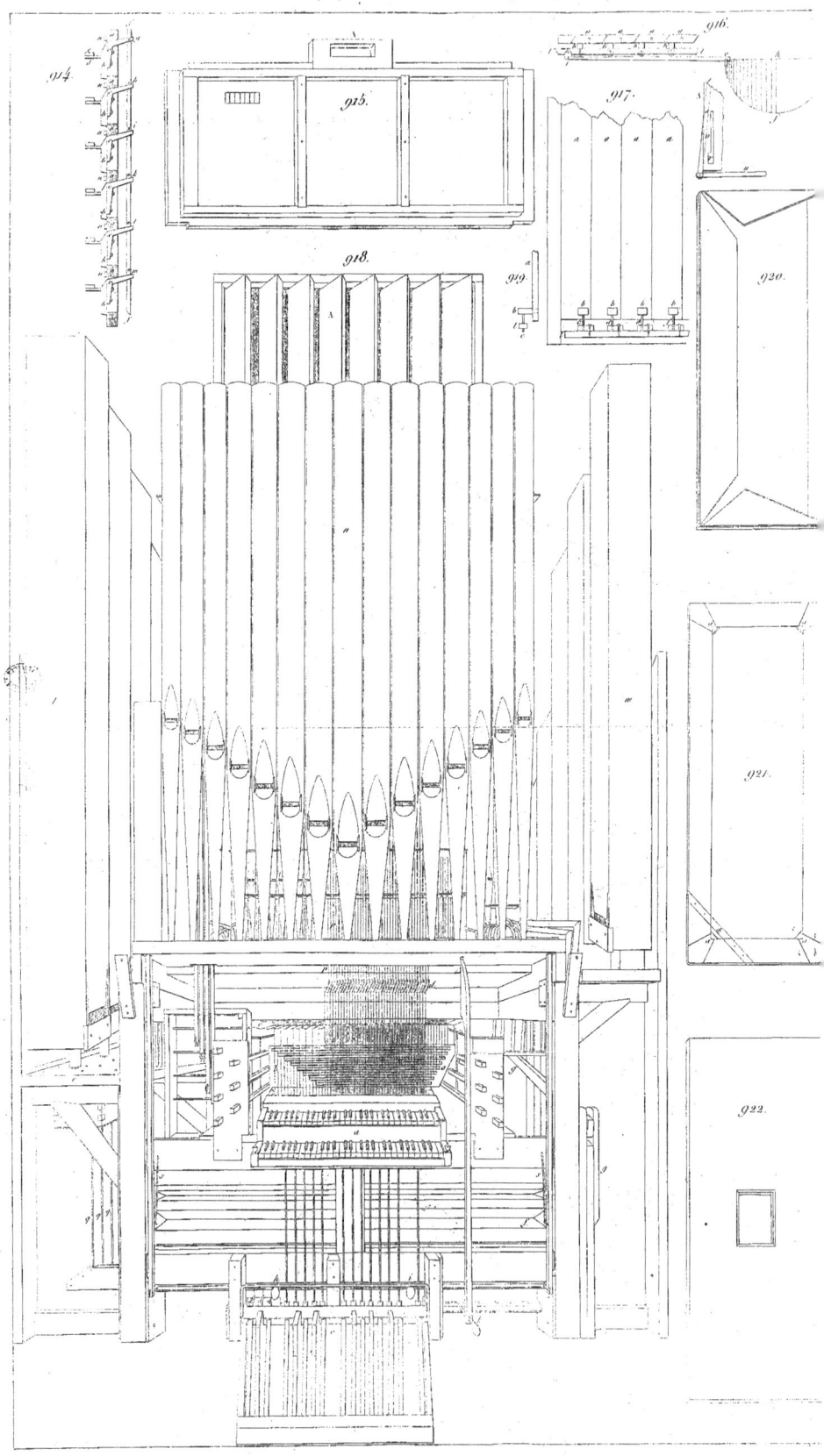

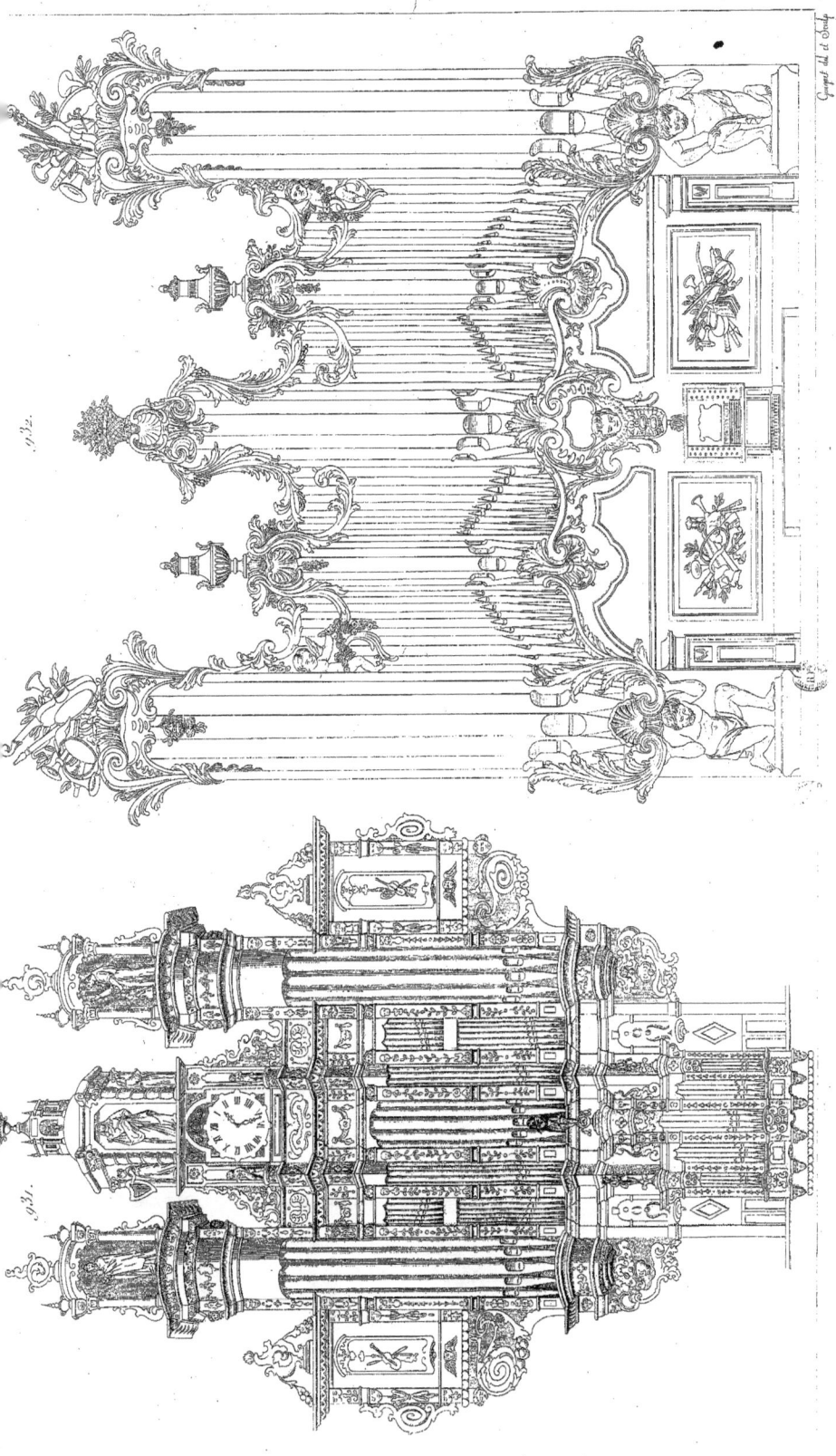

925.

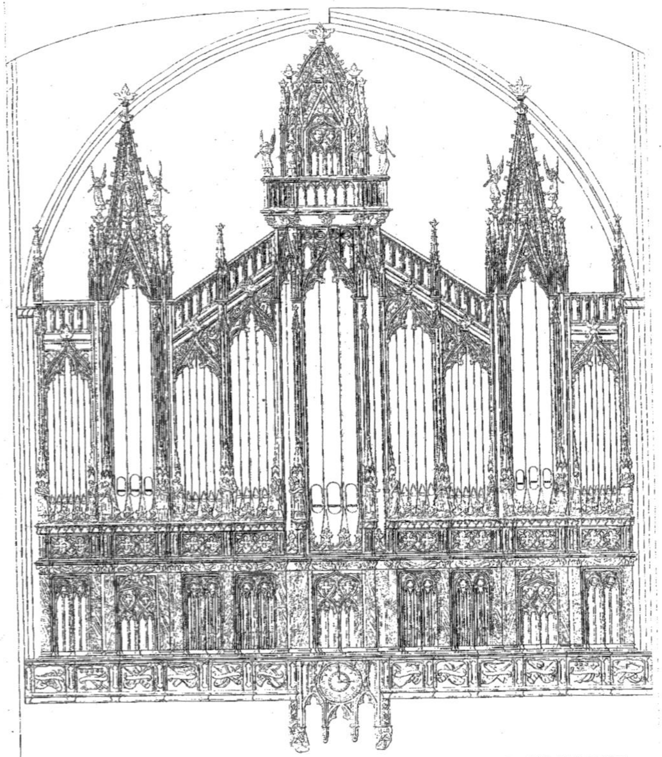

926.

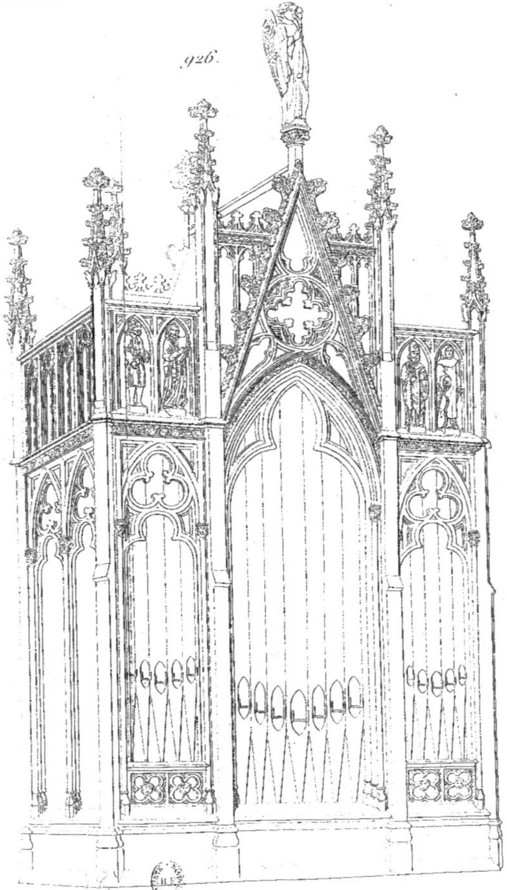

927.

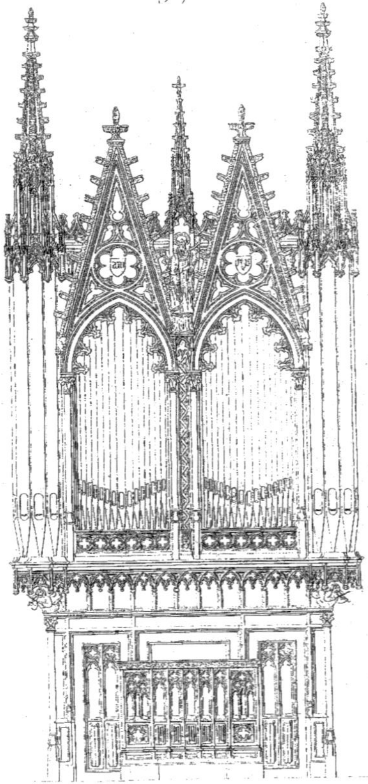

Figure 921.

VUE EXTÉRIEURE DE L'ORGUE DE LA MADELEINE.

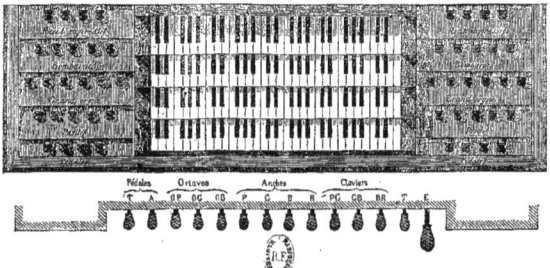

Figure 923.

Disposition des claviers, des registres et des pédales de combinaison.

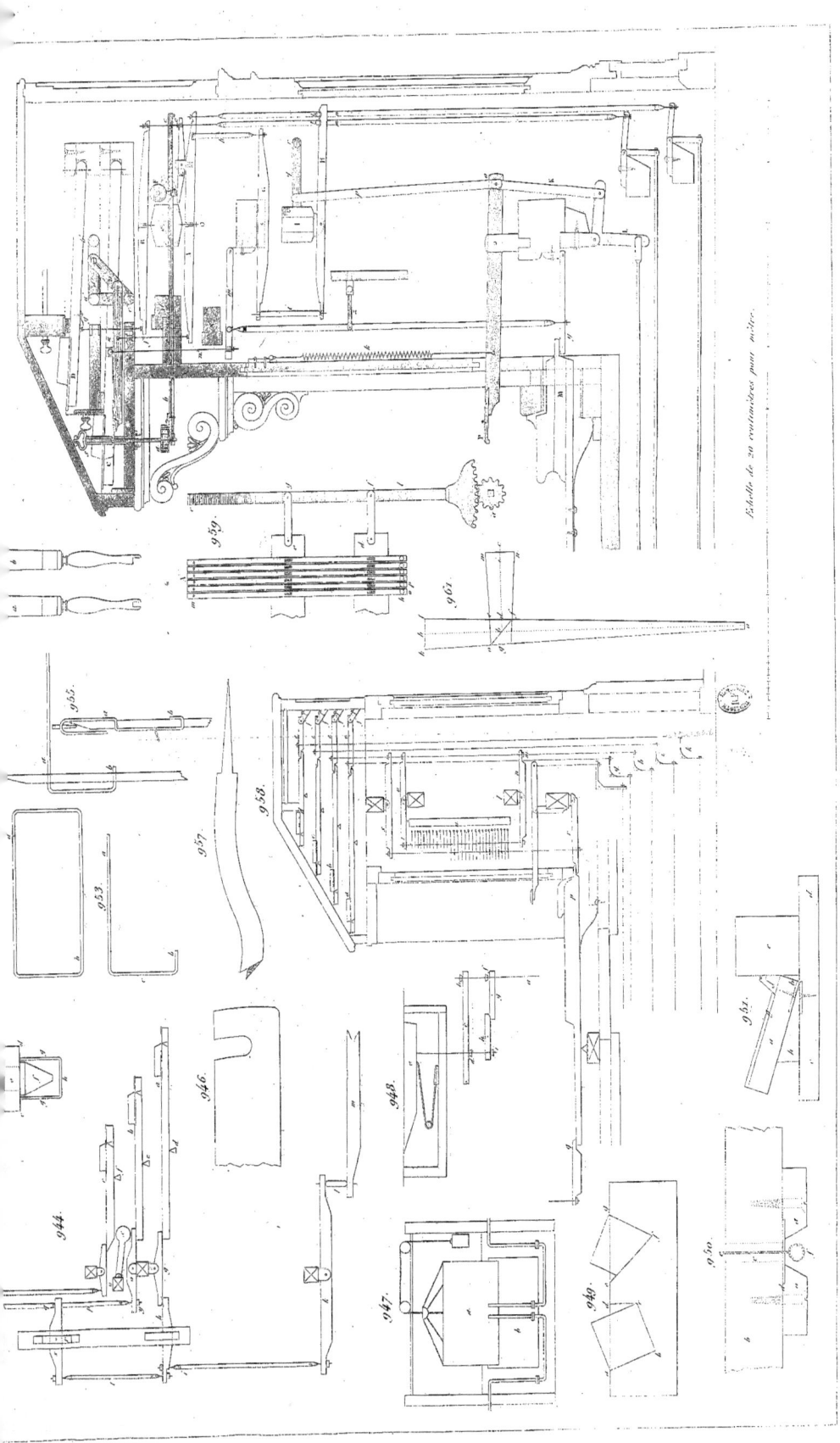

Fig. 962.

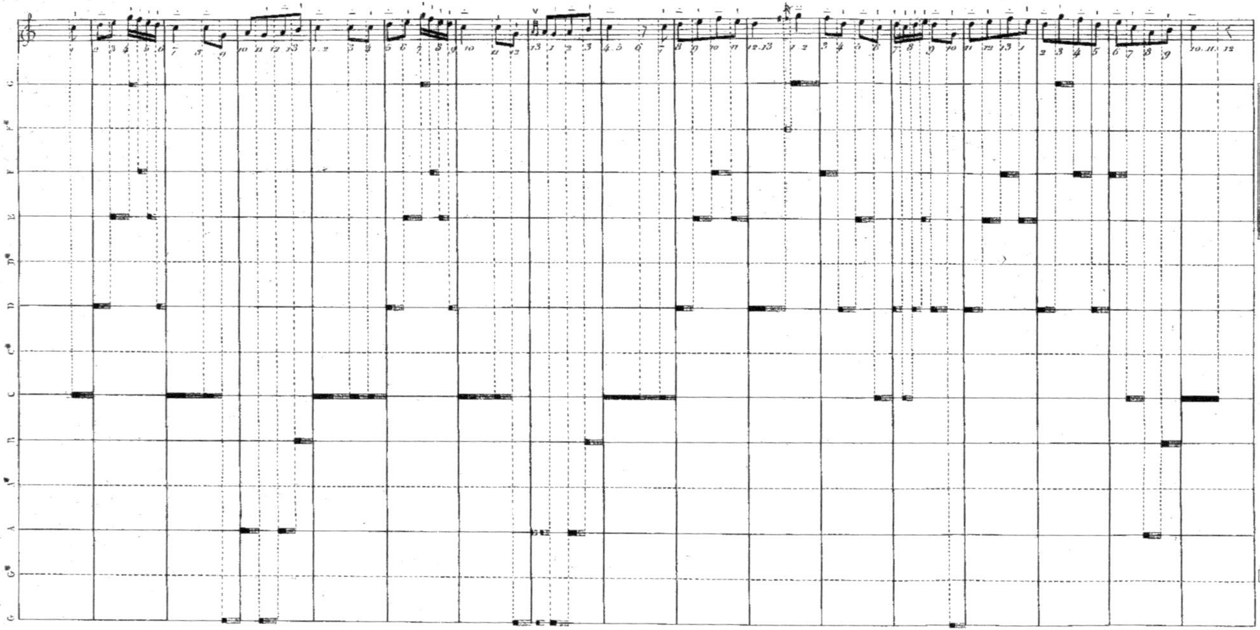

963.

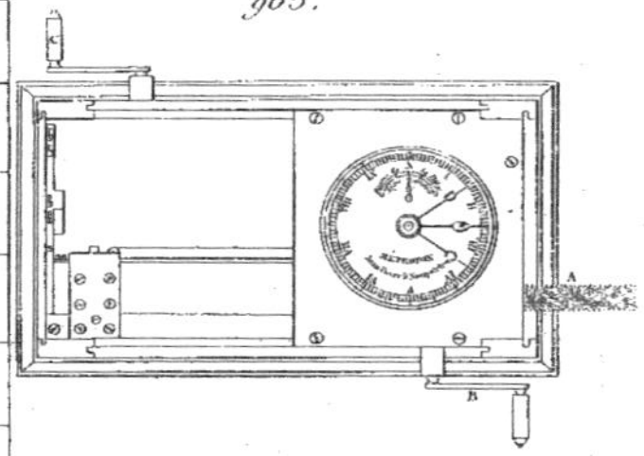

964.

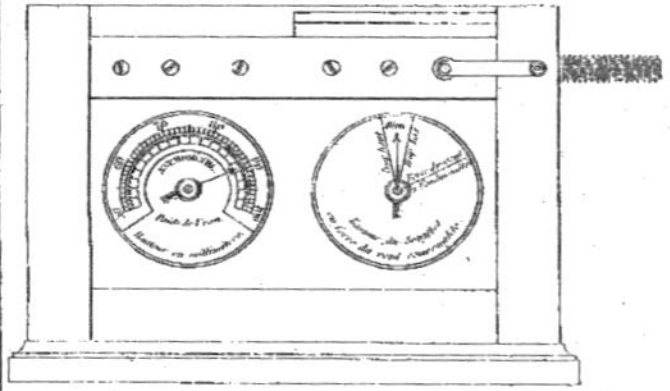

Diapason d'un Hautbois au ton d'orchestre. 965.

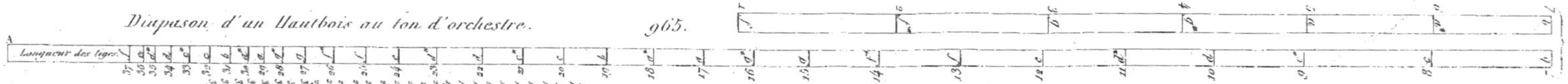

966.

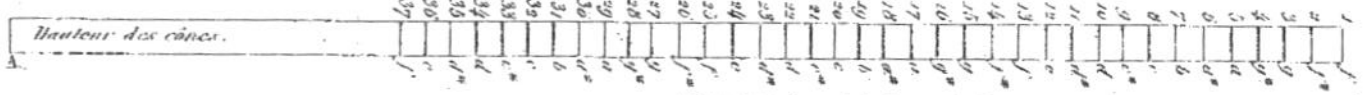

967.

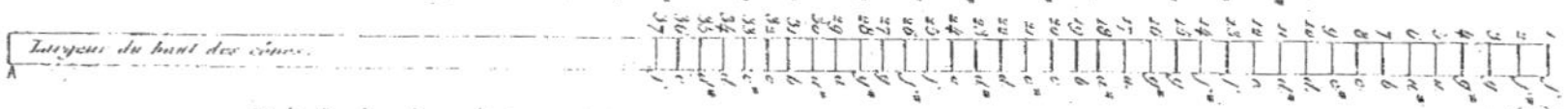

968.

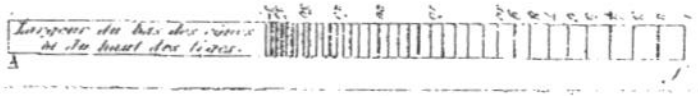

969.

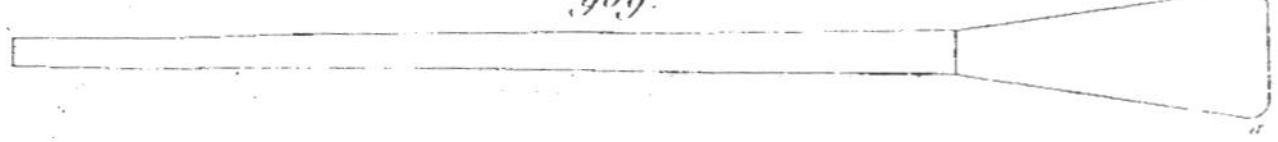

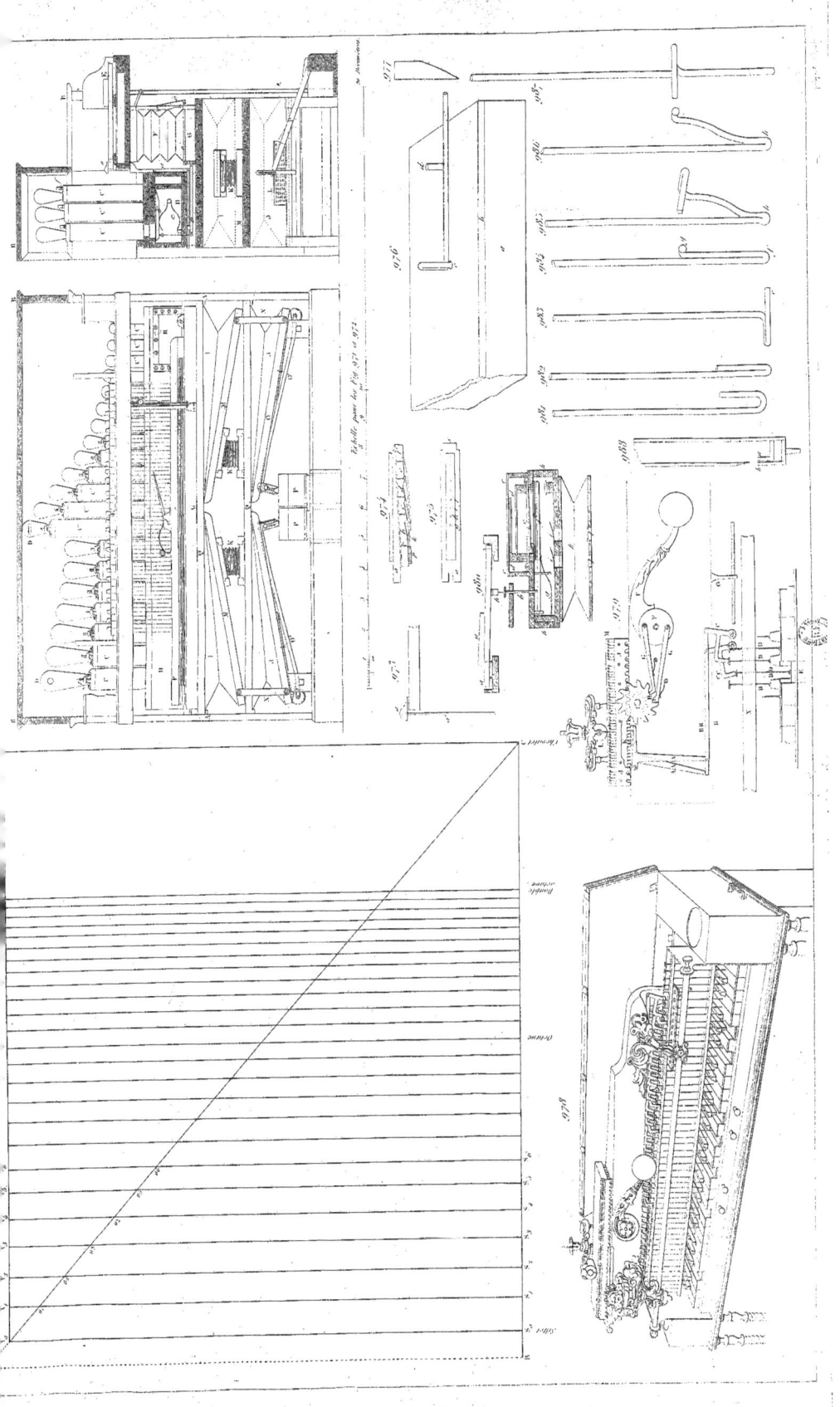

BAR-SUR-SEINE. — IMP. Ve C. SAILLARD

www.ingramcontent.com/pod-product-compliance
Lightning Source LLC
Chambersburg PA
CBHW070705050426
42451CB00008B/511